新时代
技术
新未来

Academic Writing with
LaTeX

LaTeX
论文写作教程

陈新宇　金杰灵　廖琼华　张程远　陈晓旭 —— 编著

清華大學出版社
北 京

图书在版编目(CIP)数据

LaTeX 论文写作教程 / 陈新宇等编著 . —北京：清华大学出版社，2023.11
（新时代·技术新未来）
ISBN 978-7-302-62918-4

Ⅰ . ① L⋯　Ⅱ . ①陈⋯　Ⅲ . ①电子排版－应用－论文－写作　Ⅳ . ① TS803.23 ② H152.3

中国国家版本馆 CIP 数据核字 (2023) 第 038496 号

责任编辑：刘　洋
封面设计：徐　超
版式设计：方加青
责任校对：王凤芝
责任印制：宋　林

出版发行：清华大学出版社
　　　　　网　　　址：http://www.tup.com.cn，http://www.wqbook.com
　　　　　地　　　址：北京清华大学学研大厦 A 座　　　　邮　　编：100084
　　　　　社 总 机：010-83470000　　　　　　　　　邮　　购：010-62786544
　　　　　投稿与读者服务：010-62776969，c-service@tup.tsinghua.edu.cn
　　　　　质 量 反 馈：010-62772015，zhiliang@tup.tsinghua.edu.cn
印 装 者：大厂回族自治县彩虹印刷有限公司
经　　销：全国新华书店
开　　本：187mm×235mm　　　印　　张：17.5　　　字　　数：349 千字
版　　次：2023 年 11 月第 1 版　　　印　　次：2023 年 11 月第 1 次印刷
定　　价：99.00 元

产品编号：090900-01

前言 :

　　随着信息技术与人工智能的快速发展，编程思维几乎已经渗透到了所有理工学科和研究领域。对科研工作者来说，撰写科技文档或演示文档来发表或宣传学术成果是日常科研的重要组成部分，但如何高效地编辑出高质量文档无疑是一个值得思考的问题。一方面，诸如 Office 等文档编辑软件实际上已不再能满足科研工作者追求文档编写效率的需要，烦琐的格式调整过程使得文档创作与"搬砖"无异，花费科研工作者大量的时间和精力；另一方面，在日常科研工作中，科研工作者因为经常要在文档中编辑一些复杂的数学公式及图形，而像写程序一样地编写数学公式或绘制可视化图形会带来更好的用户体验。针对这两个方面，LaTex 提供了很好的解决方案。LaTeX 不但能在最大程度上简化文档排版工作、提高文档编辑效率，而且拥有便捷的文档编辑功能，能让内容创作变得更加灵活。

　　本书以 LaTeX 科技文档写作为中心，内容涵盖文档类型介绍、文本编辑、公式编辑、图表设计、文献引用、幻灯片制作等常用功能，通过翔实的案例介绍如何使用 LaTeX 撰写科技文档。希望读者读完本书可以达到以下几个目标：

　　（1）了解 LaTeX 的发展历程；

　　（2）了解 LaTeX 的语法规则、代码结构及文档类型；

　　（3）掌握章节设定、段落编辑、格式编辑、列表创建等文本编辑方法；

　　（4）掌握公式编辑、表格制作、图形插入及图形绘制的技巧；

　　（5）掌握建立索引及文献引用的方法；

　　（6）掌握 LaTeX 制作幻灯片、简历、海报等的基本操作方法。

　　在内容安排上，本书遵从科技文档撰写的一般顺序，以循序渐进的方式介绍如何使用 LaTeX 编辑出高质量的科技文档。本书分为十个章节，具体如下。

　　第 1 章介绍 LaTeX 发展的三个阶段。第一阶段是 TeX 的出现；第二阶段是 LaTeX 的产生；第三阶段是 LaTeX 在线平台的兴起。

　　第 2 章介绍 LaTeX 的基本用法。首先，介绍语法规则、代码结构及文档类型，让读者对 LaTeX 的使用有初步认识；其次，介绍常用的基本命令；最后，介绍如何使用 LaTeX 制作简单文档。

第 3 章介绍文本编辑的基本命令。内容包括章节设定、段落编辑、格式编辑、列表创建、页眉页脚和脚注创建等内容。

第 4 章介绍数学符号与公式的编辑。首先，介绍公式编辑的基础；其次，介绍如何编辑常用数学符号；最后，以微积分、线性代数以及概率论与数理统计等数学分支作为划分依据介绍数学公式的编辑。

第 5 章介绍表格的制作方法。内容包括表格制作基础、调整表格内容、调整表格样式以及导入现成表格等。

第 6 章介绍图片的插入方法。内容包括基本插图方式、调整图片格式、插入子图以及调整排列格式等。

第 7 章介绍各类图形的绘制方法。内容包括图形绘制基础、节点绘制、各类形状绘制及图形绘制实操等。

第 8 章介绍建立索引及引用文献的方法。内容包括创建公式与图表的索引、创建超链接并调整链接格式、利用 BibTex 完成参考文献引用以及调整引用格式。

第 9 章介绍如何使用 beamer 文档类型制作幻灯片。内容包括 beamer 使用基础、beamer 幻灯片样式的设置以及幻灯片文本编辑。

第 10 章介绍 LaTeX 的进阶用法。内容包括添加程序源代码、算法伪代码、海报制作和简历制作等内容。

本书经陈新宇、金杰灵、廖琼华多次商讨并制定全书结构框架，由陈新宇、金杰灵、廖琼华、张程远、陈晓旭合作完成初稿，由陈新宇、金杰灵负责对全书进行通读、校正与修改。由于作者水平有限，书中难免有不足之处，恳请广大读者与同行批评指正。

目录 :

第 1 章

LaTeX 的出现与发展

1977 年，计算机科学家克努斯博士 [①] 开发了一款名为 TeX 的文档排版系统。这款系统作为一种特殊的计算机程序语言，能够用于制作各类技术文档，并在数学公式编辑方面具有良好的适用性。克努斯博士开发 TeX 其实存在一些机缘巧合：20 世纪 70 年代，正当克努斯博士准备出版自己的著作时，他发现出版社提供的排版效果并不理想，于是，转而思考能否开发出一款高质量的文档排版系统，以便自己日后使用。

TeX 制作文档的方式非常特殊，它使用计算机程序语言来制作文档，这与常用的 Office 截然不同，同时，这也导致 TeX 的使用门槛较高。不过 TeX 也有很多优点，其中最为人称道的是它能非常方便地书写大量复杂的数学公式。

以 TeX 为基础，兰伯特博士 [②] 于 1985 年开发了另一款文档排版系统，名为 LaTeX。兰伯特博士设计这款系统的初衷是让使用者从设计和选择排版样式之类烦琐的工作中解放出来，从而将精力集中在文档结构与文档内容创作上。事实证明，简洁的设计理念确实使

---

① Donald E. Knuth，直译名为唐纳德·尔文·克努斯，中文名为高德纳，美国计算机科学家，现代计算机科学领域的先驱人物，著有多部在计算机科学及数学领域影响深远的著作，于 1974 年获得图灵奖。

② Leslie Lamport，直译名为莱斯利·兰伯特，美国计算机科学家，于 2013 年获得图灵奖。他获得图灵奖的原因并非在于开发了 LaTeX，而是源于他在所研究的学术领域做出的突出贡献。

LaTeX 取代了 TeX。后来，众多开发者不断对 LaTeX 的最初版本进行更新与提升，也就有了我们今天在使用的 LaTeX。

实际上，基于特定的计算机程序语言，LaTeX 更像是一个用于文档排版的宏包，即"广义的工具包"。在使用 LaTeX 时，我们通常要新建一个文档文件，如 myfile.tex。如我们所见，该文件以 .tex 为拓展名，对这个文件进行编译便能制作出一个 PDF 文档。与其他计算机程序语言（如 C、C++）不同的是，LaTeX 中的计算机程序语言非常简单，用户只要多加练习便能熟练掌握。不容忽视的是，LaTeX 制作文档的功能丝毫不逊于 Office 等常用办公软件，它在科技文档、技术报告、学位论文、书籍等各类文档的制作中有着较大优势，也能用来制作幻灯片、信件、海报、简历等。此外，根据需要，LaTeX 还能用于科技绘图。因此，LaTeX 被很多科研工作者视为必备的"科研神器"。

1.1　横空出世的 TeX

TeX 是一种专门用于文档排版的计算机程序语言，同时也是一款文档排版系统，它几乎与微软推出的 Office 办公软件同时出现。TeX 与 Office 作为人们制作文档常用的两种工具，在制作文档的方式上是截然不同的。Office 的使用门槛不高，使用者只要掌握一些基本操作方法就能够制作文档；而 TeX 则需要使用者有一定的计算机程序语言基础，除熟悉一些基本命令外，还要掌握 TeX 环境和一些特定的宏包。在实践中，TeX 以其高质量、高效率的排版输出，特别是优秀的数学公式排版能力而闻名，被科研工作者广泛用于制作各类科技文档。

TeX 是怎么出现的呢？有时候，新生事物的出现往往伴随着一定的契机和巧合。20 世纪 70 年代末，正当克努斯博士准备出版其著作《计算机程序设计艺术》时，他发现出版社提供的排版效果并不理想，当时的计算机排版技术也十分粗糙，这必将严重影响其著作的排版质量。于是，他计划花费几个月的时间开发一款更有效的文档排版系统，具体的开发目标便是实现高质量的书籍排版，一改彼时粗糙的计算机排版技术。

由于克努斯博士当时在数学公式的排版上下足了功夫，因此就在启动这项计划不久后，他收到了美国数学协会（American Mathematical Society，AMS）的邀请。克努斯博士此次受邀的汇报内容是"基于 TeX 排版，如何让计算机服务于数学"，这次汇报成功吸引了一大批数学家的目光。由于在数学公式排版方面的优秀表现，比如自动调整数学公式的间距，TeX 后来摇身一变成为书写数学公式的"利器"。

为了提升 TeX 的开发质量，克努斯博士曾悬赏奖励那些能够发现 TeX 程序漏洞的人，也就是我们一般认为的"找 bug"。发现一个 bug 的奖励金额最初是 2.56 美元（16 进制的 100 美分），以后每发现一个 bug，奖金都会翻倍，直到 327.68 美元封顶。然而，克努斯博士从未因此而损失大笔金钱，因为 TeX 中的 bug 极少，而真正发现 bug 的人在获得支票后往往因其纪念价值而不愿兑现。

随着时间的推移，TeX 也派生出了很多优秀的软件，其中最著名的派生软件便是 LaTeX。另外，美国数学学会也发布了众多基于 TeX 的数学公式宏包。例如 amsfonts、amsmath、amssymb、amsthm 等，这些宏包都可以在 LaTeX 中使用，并且能编辑出各种数学公式。

1.2　引领浪潮的 LaTeX

1.2.1　LaTeX 的出现

LaTeX 是一款高质量的文档排版系统，它的历史可以追溯到 1984 年。在这一年里，兰伯特博士作为早期开发者发布了 LaTeX 的最初版本。事实上，LaTeX 完全是兰伯特博士的意外所得。他当年出于排版书籍的需要，在早先的文档排版系统 TeX 的基础上新增了一些特定的宏包。为便于自己日后重复使用，他将这些宏包构建成标准宏包。谁曾想，正是这些不经意间开发出来的宏包构成了 LaTeX 的雏形。

在很长一段时间里，LaTeX 的版本其实没有多大的更新。从技术层面来说，LaTeX 实在没有多少可供更新的地方，因为它最初的面貌已趋近于完美且深入人心。LaTeX 的最初版本是由兰伯特博士于 20 世纪 80 年代初开发出来的，目前广泛使用的版本 LaTeX2e 是在 1994 年发布的。该版本发布后一直没有更新，直至发布 20 多年后的 2020 年才有了首次更新。

尽管 LaTeX2e 的后续版本更新工作早在 20 世纪 90 年代初就已经展开，但时至今日，新版的 LaTeX 仍未进入人们的视野。从开发者兰伯特博士的视角来看，开发 LaTeX 的目的是降低 TeX 的使用门槛、发挥 TeX 强大的排版功能，提供一款高质量、解释性强的计算机程序语言。而且，LaTeX 最初定位的风格就是精简，这也是 LaTeX 在日后可供提升的地方不是很多的原因。

1.2.2　LaTeX 的特点

对于很多人来说，制作各类文档的首选工具可能是 Word 等软件，因为它简单好用、所写即所见。但当我们制作几十页甚至上百页的文档时，Word 的劣势就会展露无遗，因为我们需要投入大量的时间和精力来对文档内容进行排版。反观 LaTeX，它有以下几个优点：一是对文档的排版都是自动完成的，这可以帮助我们在文档排版上节省大量的时间和精力；二是使用 LaTeX 插入各种数学公式、表格、图形以及文献时，相应的索引出错的可能性也非常小；三是 LaTeX 的数学公式排版能力强大。这些优点都是 Word 所无法比拟的。

在 20 世纪 80 年代和 90 年代，LaTeX 的用户群体非常庞大。然而，在世纪之交，随着微软推出的 Windows 操作系统快速发展，其配套的办公软件 Office 开始进入人们的视野。对于很多人来说 Office 中的 Word 在文档编辑方面简单便捷、所写即所见，这导致大量 LaTeX 用户转而使用 Office。即便如此，如今 LaTeX 的用户群体仍十分庞大。虽然 LaTeX 复杂的语法结构与编译环境让很多初学者望而却步，但 LaTeX 强大的文档排版能力能让用户专注于内容创作，非常契合人们对质量和效率的追求。对比 LaTeX 和 Word，我们还会看到两者有以下两种区别。

第一，LaTeX 的 .tex 源文件是无格式的，编译过程中，根据设定的特定模板与指定格式输出 PDF 文档。因此，使用 LaTeX 制作文档能轻松切换文档类型、调整模板以及修改格式。

第二，LaTeX 对数学公式、图表以及文献索引的支持程度是 Word 所无法比拟的。尤为特殊的是，当文献数量达到上百篇时，在 Word 中修改参考文献可能是"牵一发而动全身"，费时耗力，而 LaTeX 根据已经整理好的 .bib 文件可自动完成文献引用与参考文献生成。

在此基础上，具体来说，使得 LaTeX 历久弥新的关键也可以归纳为以下五点。

第一，LaTeX 是专门用于制作文档的计算机程序语言。在众多计算机程序语言中，LaTeX 可以制作排版质量极高的专业文档。

第二，LaTeX 拥有独特的创作方式。尽管 LaTeX 沿用了 TeX 排版系统的基本规则，但使用 LaTeX 制作文档时，内容创作和文档生成却是分开的，用户在创作过程中也能随时预览创作文档。因此，在创作时，用户不需要像使用 Word 那样，既要关注创作内容，又要同步关注烦琐的排版和格式。也就是说，使用 LaTeX 制作文档能在真正意义上让用户专注于创作内容本身。值得一提的是，当文档篇幅较大时，使用 LaTeX 无疑会让用户在文档排版上节省大量的时间和精力。

第三，LaTeX 拥有简单的逻辑结构。使用 LaTeX 制作文档时，用户可以通过一些非常简单的逻辑结构进行创作，如 chapter（章）、section（节）、table（表格）。因此，LaTeX 的使用门槛并不像常用的计算机程序语言那么高。

第四，LaTeX 对数学公式以及特殊符号具有极高的支持度。众所周知，LaTeX 在开发之初，是数学与计算机等领域研究人员的创作工具。这类群体喜欢使用 LaTeX 的原因不外乎是 LaTeX 可以通过一些简单的代码生成复杂的数学公式与特殊符号，编译后可呈现出高质量的排版效果。

第五，LaTeX 直接生成 PDF 文档。编译以 .tex 为拓展名的 LaTeX 文件，会得到 PDF 文档，PDF 文档不存在跨平台、兼容性等问题，可以在各种操作系统的支持下打开。

当然，除了上述五点，LaTeX 制作文档的多元性这一特点也十分重要。LaTeX 拥有众多封装好的文档类型，每一种文档类型对应着一类特定的文档结构及排版样式，从科技论文、技术报告、著作、学位论文、幻灯片到科技绘图一应俱全。当然，LaTeX 也支持嵌入图片、绘制图形、设计表格、插入参考文献等。毋庸置疑，LaTeX 在科技文档排版方面有着重要作用。

LaTeX 出现至今，已经形成了一套非常高效的文档制作机制，具体如下。

- 文档类型。文档类型是文档排版样式的基调，这些类型包括文章 (article)、报告 (report)、幻灯片 (beamer) 等，声明文档类型往往是 .tex 文件的第一行代码，也是创作文档的第一步。
- 宏包。宏包是 LaTeX 的重要辅助工具，也可以把它理解为一般意义上的工具包。在使用时，调用宏包的基本命令为 \usepackage{}。举例来说，包含颜色命令的宏包为 color，其调用语句为 \usepackage{color}。随着 LaTeX 的发展，越来越多的宏包被开发出来，这些宏包能满足特定的需求，如制表、插图、绘图等，同时也能让 LaTeX 代码变得更加简洁。
- 模板。LaTeX 的发展催生了很多视觉和审美效果极好的模板，包括论文模板、幻灯片模板、报告模板甚至著作模板。这些模板在一定程度上能减少创作者耗费在文档排版上的时间，也有很多学术刊物会给投稿作者提供相应的 LaTeX 模板。

1.2.3　LaTeX 编辑器

实际上，配置 LaTeX 环境包括两部分，即编译器和编辑器，对应的英文表达分别是 complier 和 editor，两者不是一回事。LaTeX 编译器又称为 LaTeX 编译工具，我们可根据操作系统安装相应的编译工具，具体如下。

- Linux 系统：可安装 TeX Live，该编译器拥有 LaTeX 编辑器。
- Mac OS 系统：可安装 MacTeX，该编译器拥有完整的 TeX/LaTeX 环境和 LaTeX 编辑器。
- Windows 系统：可安装 MiKTeX 或 TeX Live，两者都拥有完整的 TeX/LaTeX 环境和 LaTeX 编辑器。

一般而言，LaTeX 编辑器的界面大致由两部分组成，即 LaTeX 源码编译区域与 PDF 文档预览区域。以下几款 LaTeX 编辑器较受人推崇。

- TeXworks：这是 TeX Live 自带的一款轻量级编辑器。
- TeXstudio：这款编辑器集代码编译与文档预览于一身。
- WinEdt：这是 CTeX 自带的一款编辑器。
- VS Code：这是微软推出的一款免费的文本编辑器，其功能包括文本编辑、日常开发等。
- Atom：这是一款开源的跨平台编辑器，支持多种程序语言。

1.3　应运而生的在线系统

1.3.1　LaTeX 在线系统的出现

20 世纪 80 年代，LaTeX 作为一种新生事物，在发布之初便引起了人们极大的兴趣。虽然 LaTeX 在文档制作与排版方面拥有很多其他办公软件都无法比拟的优势，但是由于其使用门槛与安装成本较高，因此在很长一段时间里，LaTeX 用户群体都局限于科研工作者。不过，近年来 LaTeX 在线系统的出现实实在在地改变了这一尴尬局面。

随着信息技术快速发展、互联网深度普及，人们的工作方式也在发生着巨大改变。例如，很多过去安装在本地的操作软件都被搬到了浏览器上，人们能在浏览器上使用各类在线办公软件。不过在线系统的正常运行也需要一定的外部条件支撑。例如，出于计算资源方面的考虑，在线系统通常对云平台的计算资源与存储空间有严格的要求，大规模在线系统往往要以大量的计算资源与存储空间作支撑。与其他计算密集型的在线系统相比，LaTeX 作为一款文档排版系统，其在线系统对计算资源的消耗并不算很大。

与 LaTeX 在线系统相比，安装在本地计算机上的 LaTeX 存在以下缺陷。

第一，我们需要为安装 LaTeX 编译环境与编辑器腾出很大的存储空间。

第二，某些特定的宏包需要额外安装和配置，但安装过多宏包又会使 LaTeX 变得臃肿甚至不好用。

第三，在本地计算机使用 LaTeX 制作文档时，我们很难与合作者进行协作创作。

因此，一些成熟的 LaTeX 在线系统受到很多用户的喜爱，其中最受用户推崇的 LaTeX 在线系统由 Overleaf 提供。该 LaTeX 在线系统配置了丰富的拓展宏包，支持多种文字的创作，支持实时编译与实时预览，也支持用户与合作者进行协作创作。用户完成创作后，可选择下载压缩文件包（如 .zip），也支持用户选择只导出编译完成的 PDF 文档。毫无疑问，LaTeX 在线系统拥有很多人性化的设计，让创作变得更加便捷与高效。除此之外，现有的 LaTeX 在线系统还提供了大量的 LaTeX 帮助文档与模板库。

　　Overleaf 是一个初创科技企业，它的主要业务是构建现代化协作创作工具，即 LaTeX 在线系统，从而让科学研究变得更加便捷与高效。该企业开发的 LaTeX 在线系统名为 Overleaf，已合并另一款著名的 LaTeX 在线系统 ShareLaTeX。Overleaf 当前在全球范围内拥有超过 600 万用户，这些用户大多是来自于高校和研究机构的研究人员、老师以及学生。用户只要点击网站网址，无须在本地计算机配置 LaTeX 环境，就可创建 LaTeX 文档，制作项目。

1.3.2　LaTeX 在线系统的特点

　　下面以 LaTeX 在线系统 Overleaf 为例，说明 LaTeX 在线系统的特征。

- 免费与开源。用户可免费注册和使用，不需要在本地计算机配置环境。这一点对于初学者来说无疑是非常友好的。
- 使用简单。不管是在计算机、手机还是其他设备上，用户使用浏览器打开 Overleaf 的网页就能开始创作。另外，由于 Overleaf 界面非常简洁，所以使用起来也非常便利。
- 支持实时编译与预览。Overleaf 拥有各类 LaTeX 插件，编辑功能完善，且具有实时编译与预览功能。
- 支持在线协作。创作文档时，用户可以将文档项目分享给合作者进行协作创作。而且，由于 Overleaf 支持实时编译，因此不会出现版本控制混乱等问题。
- 支持双向定位。用户可以在 LaTeX 源代码区域与 PDF 文档预览区域之间进行双向定位。
- 提供丰富的模板库。Overleaf 拥有丰富的 LaTeX 文档模板，不仅有正式的期刊论文、学位论文与书籍著作的参考模板，还有很多视觉效果美观的技术报告、简历以及幻灯片模板。就论文写作来说，用户能在 Overleaf 中找到众多期刊的 LaTeX 模板，根据使用说明，很容易就能撰写自己的论文。
- 提供大量的帮助文档。Overleaf 提供齐全的帮助文档，文档内容涵盖 LaTeX 快速入门、基础操作和编写数学公式等，且具有很强的实操性。

　　图 1-1 所示为 LaTeX 在线系统 Overleaf 的编辑器界面，该界面主要由源代码区域与文档预览区域组成。LaTeX 在线系统的出现大大降低了 LaTeX 的使用门槛，也为用户省去了

烦琐的安装与配置环节。其实，LaTeX 在线系统的出现并非个例，很多办公软件为迎合用户需求与时代发展趋势，也纷纷推出了在线系统。比如，微软在线 Office 系统、腾讯在线文档等，它们能够在线备份、满足人们对随时随地办公与创作的需求。由于这些在线系统能同时确保办公的便捷性与高效性，因此在线和共享的理念正在潜移默化地影响着人们的办公模式。

图 1-1　Overleaf 编辑器界面

1.4　LaTeX 问答社区

　　在 LaTeX 刚被推出的年代，使用手册、教程、帮助文档等远没有今天这么丰富，我们获取资源的渠道也没有今天这么便捷和多元化。在互联网技术高度发达的今天，我们能通过浏览器访问到各种相关的学习素材，遇到代码报错，也能在一些专业问答社区找到最佳解决方案。毫无疑问，对于今天的我们来说，利用好互联网问答社区是熟练掌握一门计算机程序语言的重要手段。

1.4.1　问答社区的介绍

对于从事计算机程序语言相关工作的技术人员来说，专业的技术问答社区往往是不可多得的资源，它能帮助技术人员提升个人编程能力、学习与掌握新技术，并解决一些在实际工作中遇到的代码报错等问题。Stack Exchange 是一个著名的计算机程序语言技术问答社区，其中有大量与计算机程序语言相关的技术帖子以及优质的回复帖子。

Stack Exchange 技术问答社区按计算机程序语言类型进行划分，我们所关心的 LaTeX 相关的技术问题通常被分配在 TeX Stack Exchange 社区，如图 1-2 所示。截至目前，TeX Stack Exchange 涉及的问题与帖子包括 TeX、LaTeX 以及其他排版系统，其中多数与 LaTeX 相关。该问答社区支持内容搜索，并可根据需要在首页显示当前热门问题、当月高频访问的问题等。

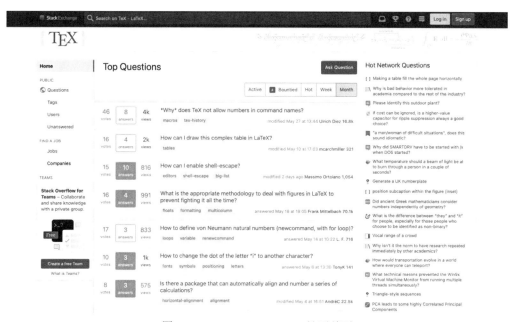

图 1-2　TeX Stack Exchange 社区首页

除 Stack Exchange 这种涵盖了多种计算机程序语言的技术问答社区外，还有 LaTeX forum 社区这种专门面向 LaTeX 用户的技术交流平台。它拥有大量活跃的用户群体与丰富的问答资源，其中分门别类的技术帖子超过 10 万篇。我们可根据访问量一览该平台上的高频访问问题，如图 1-3 所示。从图中我们可看到，涉及"图表"（Graphics, Figures & Tables）的帖子已超过 15000 篇，涉及文本排版（text formatting）的帖子已超过 10000 篇。

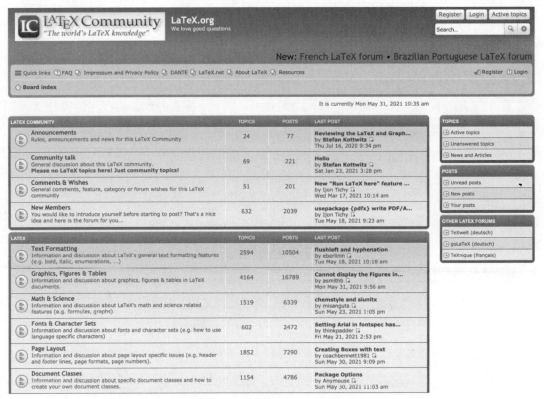

图 1-3   LaTeX forum 社区首页

实际上，不管是 LaTeX 初学者还是高级用户，在遇到 LaTeX 代码报错时，去问答社区寻找解决方案都是一种非常有效的方式。

1.4.2   高频访问问题

顾名思义，高频访问问题是指访问量较高的问题。LaTeX forum 社区已将问答帖子进行分类，针对某一特定话题，展开内容即可看到各类问题的访问情况。图 1-4 所示为 LaTeX forum 社区中涉及"数学和科学"（math & science）话题的帖子页面截图，页面中已经按照访问量对问答帖子进行了排序。

Math & Science

New Topic ★ ｜ Search this forum... 🔍 ⚙

1519 topics 📄 | 1 | 2 | 3 | 4 | 5 | … | 61 | ›

TOPICS	REPLIES	VIEWS	LAST POST
Left-Justified "align" ✅ by JonTsu » Sat Mar 16, 2013 5:46 pm	2	152037	by JonTsu 🔗 Sat Mar 16, 2013 6:40 pm
Much larger than by marcdein » Thu Jul 21, 2011 10:58 am	2	139515	by marcdein 🔗 Thu Jul 21, 2011 11:40 am
"not in" symbol?? by tsukiko » Wed Jul 21, 2010 7:03 am	3	121004	by localghost 🔗 Wed Jul 21, 2010 5:54 pm
Reducing font in equation 📎 by ruchir_iit » Fri Apr 24, 2009 9:45 am	4	105654	by Mefitico 🔗 Fri Jun 14, 2013 7:18 pm
Exactly under max/min 📎 by Roronoa Zoro » Wed Mar 02, 2011 9:33 am	2	101595	by shadgrind 🔗 Wed Mar 02, 2011 4:09 pm
Mathematical Expectation symbol by bazman » Tue Jan 27, 2009 2:48 am	2	95183	by bazman 🔗 Tue Jan 27, 2009 6:35 am
2 Line equation with a large brace by dizzam » Wed May 06, 2009 3:09 pm	4	83439	by dnemoc 🔗 Tue May 12, 2009 3:47 pm
Bracket size proble: Split multi-line equations ✅ by denizkartan » Fri May 15, 2009 1:04 pm	9	72981	by **Stefan Kottwitz** 🔗 Sat Nov 14, 2015 9:25 pm
Multiplication Dot by ghostanime2001 » Sat Jun 25, 2011 7:27 am	4	68647	by localghost 🔗 Mon Jun 27, 2011 9:47 am
Eqnarray: numbering last line only. by haaj86 » Sun Apr 19, 2009 4:03 pm	5	67247	by haaj86 🔗 Sun Apr 19, 2009 7:29 pm
Extended Vector Arrow 📎 by ghostanime2001 » Tue Apr 09, 2013 8:19 pm 　📄1 2	18	61211	by ghostanime2001 🔗 Mon Jun 24, 2013 6:40 pm
Wide Bar in Math Mode ✅ by Cham » Wed Jun 20, 2012 6:27 pm	6	58933	by quatsch83 🔗 Mon Apr 14, 2014 5:14 pm
How do you reliably bold math 📎 by Singularity » Sun Sep 27, 2015 5:40 pm	5	57041	by **Stefan Kottwitz** 🔗 Tue Sep 29, 2015 6:37 pm
Using SI units by latexforever » Mon Jan 12, 2009 4:41 pm 　📄1 2 3	20	56986	by josephwright 🔗 Wed Jan 14, 2009 8:58 pm
Logarithm with Base 10 by ghostanime2001 » Sun Oct 02, 2011 8:41 am	5	54757	by cgnieder 🔗 Sat Oct 15, 2011 11:21 pm
How to rotate a symbol by idioma » Fri Jul 03, 2009 3:12 pm	6	47982	by frabjous 🔗 Sat Jul 04, 2009 10:50 pm
Partial derivative "evaluated at" value by ccrummer » Fri Feb 27, 2009 1:19 pm	1	46354	by localghost 🔗 Fri Feb 27, 2009 6:08 pm
Algorithm reference by xixonga » Wed Apr 18, 2012 9:05 pm	9	46011	by sommerfee 🔗 Wed Jan 09, 2013 11:25 pm

图 1-4　LaTeX forum 中涉及"数学和科学"话题的帖子页面截图

第 2 章

LaTeX 基础及文档类型

LaTeX 作为一款基于 TeX 计算机程序语言的文档排版系统，沿用了 TeX 语法规则，但在文档制作与排版方面却比 TeX 更加灵活，可轻松制作各类文档。一般而言，LaTeX 语法规则由命令与环境构成，基于一些基本命令实现特定功能，例如，使用 \usepackage{} 命令能调用制作文档所需的宏包。

从代码结构上看，LaTeX 制作文档的代码分为前导代码与主体代码两部分。这两部分在 LaTeX 文档制作中扮演的角色不同，并且相对独立。前导代码主要用于声明文档类型、设置排版样式、调用所需宏包、定义特殊命令等；主体代码主要用于明确标题、章节、目录等文章结构及创作文档内容。这样的代码结构有诸多优点，举例来说，文档内容创作完成后，我们只需修改前导代码就可实现对文档排版样式的调整或切换。

掌握 LaTeX 的常用命令与代码结构后，我们便能开始创建简单文档。从功能上来说，LaTeX 能满足人们对文档制作多样性的要求，它提供了各种文档类型，如常规文档、书籍 、报告、幻灯片等，能帮我们制作包括期刊论文、技术报告、学位论文、书籍著作、幻灯片、个人简历、海报、信件在内的各类文档。不同的文档类型在文档大小、排版、章节样式等方面略有不同。因此，使用 LaTeX 制作文档时，第一步通常是申明文档类型，而申明文档类型的命令为 \documentclass{}。

2.1　LaTeX 语法规则

计算机程序语言是一种标准化的形式语言，可用来向计算机发出指令。其中，发出与执行指令的关键在于一套严谨的语法规则。不同于常用的计算机程序语言，LaTeX 的语法规则十分简洁，它主要由命令与环境构成，两者相辅相成。LaTeX 除了一些基本命令与环境可直接使用外，多数命令与环境的使用都要依赖于特定的宏包。

2.1.1　命令

LaTeX 中有很多命令，它们用法大同小异，功能却千差万别，既有声明文档类型的命令，如 \documentclass{article}，表明文档类型为常规文档，也有输入特殊符号的命令，如 \copyright，表示输入版权符号。一般而言，LaTeX 中的命令由三部分组成，形式为 "\ 命令名 [可省略参数]{ 不可省略参数 }"。这种命令具有以下特点。

- 通常以反斜线作为开始，通过紧跟的既定字符（命令名）来实现相应的命令，例如，\LaTeX 和 \copyright 可生成特殊字符。
- 一些命令需要声明一些参数，通过设定大括号中的不可省略参数来实现特定命令，例如，\color{blue} 命令中需要设定具体的颜色名称。
- 一些命令拥有默认的参数设置，有需要时可以通过中括号中的可省略参数进行调整，例如，在 \documentclass[a4paper]{article} 中，中括号 [] 是额外的选项，用户既可以自行设置，也可以选择默认设置。
- 有些命令可以用反斜线终止，如 \copyright\。

2.1.2　环境

这里所说的"环境"是指编译环境，它是 LaTeX 编辑文档的基础。特定的编译环境可实现创建列表、设计图表等各种功能。举例来说，我们可以使用列表环境创建列表，如下所示。

```
\begin{itemize}
\item item 1 % 条目 1
\item item 2 % 条目 2
\end{itemize}
```

在制作无序列表时，这里的 itemize 表示无序列表环境，\begin{} 和 \end{} 表示环境的起始和终止。当然，这些环境并非一成不变，只要设置一些参数，就可以改变编译之后的文档效果，如下所示。

```
\begin{spacing}{1.3}
paragraph 1 % 第1段
paragraph 2 % 第2段
\end{spacing}
```

这个设置可将两段话之间的行间距调整为 1.3 倍。

【例 2-1】使用基本命令 \documentclass{article} 和文档环境 \begin{document} \end{document} 创建一个简单的文档，并在文档内使用无序列表环境创建一个列表，代码如下所示。

```
\documentclass{article}
\begin{document}
Hello, LaTeXers! This is our first LaTeX document.
\begin{itemize}
\item LaTeX is good
\item LaTeX is convenient
\cnd{itemize}
\end{document}
```

编译后的效果如图 2-1 所示。

Hello, LaTeXers! This is our first LaTeX document.

• LaTeX is good

• LaTeX is convenient

图 2-1　编译出来带有无序列表的简单文档

2.1.3　宏包

宏包是 LaTeX 的重要组成部分，用来丰富与增强 LaTeX 的各项功能，是支撑 LaTeX 实现一系列复杂文档编辑和排版的关键所在。宏包与 LaTeX 的关系和浏览器插件与浏览器的关系类似，通过调用不同宏包可完成一些复杂的排版工作，如插入表格、公式、特殊符号、程序源代码以及设置文档样式等。一个宏包通常会提供一组 LaTeX 命令。在 LaTeX 中，调用宏包要使用 \usepackage{ 宏包名 } 命令。

【例 2-2】使用 \usepackage{color} 命令调用颜色宏包、调整文本字体颜色，代码如下所示。

```
\documentclass{article}
\usepackage{color} % 调用颜色宏包
\begin{document}
\textcolor[rgb]{1,0,0}{Hello, LaTeXers! This is our first LaTeX
document.} % 将文本颜色调整为红色
\end{document}
```

编译后的效果如图 2-2 所示。

Hello, LaTeXers! This is our first LaTeX document.

图 2-2　编译出来带有颜色的简单文档

2.2　LaTeX 代码结构

使用 LaTeX 进行文档编辑时，编译的对象通常是以 .tex 为拓展名的源文件，编译的结果则是生成 PDF 格式的文档。一般而言，LaTeX 源文件的代码结构主要包含两个部分，即前导代码和主体代码，其结构示例如下。

```
\documentclass[]{}
...... % 前导代码（preamble）
\begin{document}
...... % 主体代码（body）
\end{document}
```

2.2.1　前导代码

前导代码是指从源文件第一行代码到 \begin{document} 之间的所有命令语句，一般为 LaTeX 代码的第一部分，既可设置文档的全局参数，包括文档类型、页眉页脚、纸张大小、字体大小等，也可调用主体代码中需要用到的宏包，如设计图表所要用到的宏包。当全局格式没有特殊声明时，前导代码中的文档类型声明语句可简写成 \documentclass{B}。其中，位置 B 用于声明文档类型，如 article（常规文档）、book（书籍）、report（报告）、beamer（幻灯片）等。

在声明文档类型时，全局参数主要包括字体大小、纸张大小、文字分栏、打印单双面设置等。下面以 article 为例，简要介绍各全局参数的设置。

1. 字体大小

article 类型的文档默认的字体大小为 10pt，可在 \documentclass[可省略参数]{article} 的中括号中根据需要设置成 11pt 或 12pt。

【例 2-3】创建一个简单的文档，将字体大小调整为 12pt，代码如下所示。

```
\documentclass[fontsize=12pt]{article}
\begin{document}
Hello, LaTeXers! This is our first LaTeX document.
\end{document}
```

编译上述代码，得到的文档如图 2-3 所示。

Hello, LaTeXers! This is our first LaTeX document.

图 2-3　编译后的文档

在声明文档类型时，设置文档字体大小的命令是 \documentclass[fontsize = 12pt]{article}。方便起见，用户也可将其简写为 \documentclass[12pt]{article}。在这里，字体大小的基本单位 pt 是英文单词 point 的缩写，是一个物理长度单位，指的是 72 分之一英寸，即 1pt 等于 1/72 英寸。

2. 纸张大小

article 类型的文档的纸张大小默认为 letterpaper，用户同样可在 \documentclass[可省略参数]{article} 的中括号中根据需要将纸张大小设置成 a4paper、a5paper、b5paper、legalpaper 或 executivepaper。

【例 2-4】创建一个简单的文档，将字体大小调整为 12pt、纸张大小调整为 b5paper，代码如下所示。

```
\documentclass[fontsize=12pt, paper=b5paper]{article}
\begin{document}
Hello, LaTeXers! This is our first LaTeX document.
\end{document}
```

编译上述代码，得到的文档纸张大小为 B5。

3. 文档分栏

article 类型的文档默认的文字分栏为 onecolumn（一栏），即不进行分栏，也可根据需要使用 twocolumn（两栏）将文档设置为两栏。

【例 2-5】创建一个简单的文档，将正文分为两栏，代码如下所示。

```
\documentclass[12pt, b5paper, twocolumn]{article}
\begin{document}
Hello, LaTeXers! This is our first LaTeX document.
\newpage
Hello, LaTeXers! This is our first LaTeX document.
\end{document}
```

编译上述代码，得到的文档如图 2-4 所示。

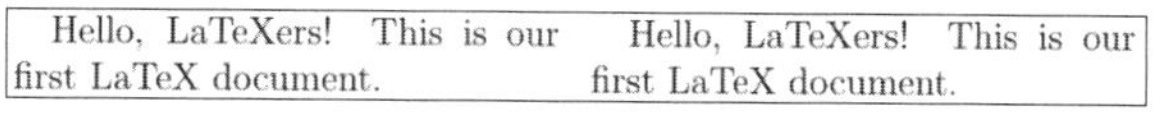

Hello, LaTeXers! This is our   Hello, LaTeXers! This is our
first LaTeX document.   first LaTeX document.

图 2-4　编译后的文档

4. 打印单双面设置

article 类型的文档打印时默认单面打印，用户同样可以使用 \documentclass[可省略参数]{article} 中括号中的可选参数，通过添加 twoside 参数进行双面打印的设置。

【例 2-6】创建一个简单的文档，设置双面打印，代码如下所示。

```
\documentclass[12pt, b5paper, twoside]{article}
\begin{document}
Hello, LaTeXers! This is our first LaTeX document.
\newpage
Hello, LaTeXers! This is our first LaTeX document.
\end{document}
```

上述可省略参数在设置过程中不存在先后顺序，例如，\documentclass[a4paper, 11pt, twoside]{article} 对应着类型为 article、纸张大小为 A4、字体大小为 11pt、双面打印的文档；\documentclass[a4paper, twoside, 11pt]{article} 也对应着类型为 article、纸张大小为 A4、字体大小为 11pt、双面打印的文档。当然，除了这几个最为常用的全局参数外，还有其他全局参数可供调用。不过，考虑到其他全局参数用到的机会比较少，这里不做过多讨论。

2.2.2　主体代码

主体代码为 \begin{document} 及 \end{document} 之间所有的命令语句和文本，一般由文档的创作内容构成，主要包含文档标题、目录、章节、图表及具体文字内容等。在这里，我们不妨创建一个文字内容为 "Hello, LaTeXers! This is our first LaTeX document." 的文档，代码如下所示。

```
\documentclass{article}
\title{LaTeX cook-book}
\begin{document}
\maketitle
\section{Introduction}
Hello, LaTeXers! This is our first LaTeX document.
\end{document}
```

2.3　文档类型的介绍

在 LaTeX 代码结构中，声明文档类型往往是制作文档的第一步，也是最基本的一步。事实上，虽然不同文档类型对应的文档样式略有不同，但制作不同类型的文档时，LaTeX 中的绝大多数命令和环境却是通用的。完成对文档内容的创作后，使用文档类型的声明语句可以让我们在不同类型的文档间切换自如。

2.3.1　基本介绍

熟悉 LaTeX 的读者都知道，LaTeX 实际上支持的文档类型非常多，具体的有撰写科技论文会用到的 article、制作演示文稿会用到的 beamer 等。如果使用支持中文编译的 ctex 文档类型，则有 ctexart（中文常规文档）、ctexrep（中文报告）、ctexbook（中文书籍）等类型。文档类型直接决定整个文档的样式和风格。使用 LaTeX 制作文档时，声明文档类型是前导代码的一部分，其一般格式如下。

\documentclass[A]{B}

在这一声明语句中，位置 A 的作用主要是设置控制全文的文档参数，我们可以通过此处设置来调整全文的字体大小、纸张大小、分栏设置等。不过，由于各种文档类型都有一整套默认参数，因此一般情况可以省略掉位置 A。在位置 B，我们需要键入特定的文档类型，例如，\documentclass[a4paper, 12pt]{article} 即表示声明一个纸张大小为 A4、字体大小为 12pt 的 article 文档。

2.3.2　常用文档类型

以下将逐一介绍比较常用的三种文档类型，分别为 article、report 和 book。其中，report 和 book 的文档结构是一致的，可以使用的结构命令有 \part{}、\chapter{}、\section{}、\subsection{}、\subsubsection{}、\paragraph{}、\subparagraph{}。而 article 中除了没有 \chapter{} 这一结构命令之外，其他结构命令都与 report 和 book 是一样的。

1. article

article 是 LaTeX 制作文档时最常用的一种文档类型，比如，撰写科技论文往往会用到 article。

【**例 2-7**】新建一个文档类型为 article 的简单的文档，代码如下所示。

```
\documentclass[a4paper, 12pt]{article} % 申明文档类型
\title{LaTeX Cookbook}
\begin{document}
\maketitle
\begin{abstract}
This is LaTeX cookbook!
\end{abstract}
\part{LaTeX Tutorial} % part 名称
\section{Document Class} % 一级标题
\subsection{Article} % 二级标题
Hello, LaTeXers! This is our first LaTeX document.
\end{document}
```

编译上述代码，得到的文档如图 2-5 所示。

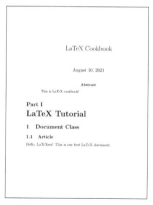

图 2-5　编译后的文档

2. report

report 主要是面向撰写各类技术报告的文档类型。

【例 2-8】新建一个文档类型为 report 的简单的文档，代码如下所示。

```
\documentclass[a4paper, 12pt]{report}
\begin{document}
\part{LaTeX Tutorial}
\chapter{Introduction}
\section{Document Class}
\subsection{Report}
Hello, LaTeXers! This is our first LaTeX document.
\end{document}
```

编译上述代码，得到的文档如图 2-6 所示。

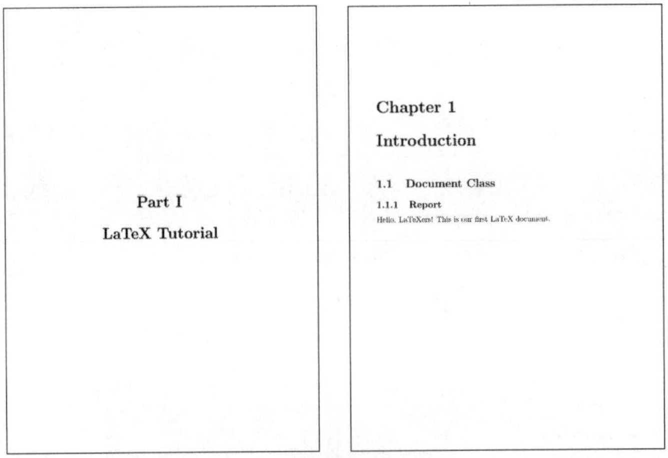

图 2-6　编译后的文档

3. book

book 是用于制作书籍等出版物的文档类型。

【例 2-9】新建一个文档类型为 book 的简单的文档，代码如下所示。

```
\documentclass[a4paper, 12pt]{book}
\begin{document}
\part{LaTeX Tutorial}
\chapter{Introduction}
\section{Document Class}
\subsection{Report}
```

```
Hello, LaTeXers! This is our first LaTeX document.
\end{document}
```

编译上述代码，得到的文档如图 2-7 所示。

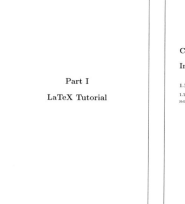

图 2-7　编译后的文档

2.4　全局格式设置

在前导代码中对文档进行全局格式设置至关重要，它会决定文档的排版样式与效果。这里将以 article 类型的文档为例，介绍如何调用宏包对纸张方向、页边距等进行调整。

2.4.1　纸张方向

article 类型的文档的纸张方向默认为 portrait（纵向），也可以设置成 landscape（横向）。在文档中可以调用 lscape 宏包中的 \begin{landscape} \end{landscape} 环境，从而将默认的纵向文档调整为横向的。

【例 2-10】创建一个两页的文档，将第一页的纸张方向设置为纵向，并使用 lscape 宏包中的 \begin{landscape} \end{landscape} 环境将第二页设置为横向，代码如下所示。

```
\documentclass[12pt, b5paper]{article}
\usepackage{lscape}
\begin{document}
Hello, LaTeXers! This is our first LaTeX document.
```

```
\begin{landscape}
Hello, LaTeXers! This is our first LaTeX document.
\end{landscape}
\end{document}
```

编译上述代码，得到的文档如图 2-8 所示。

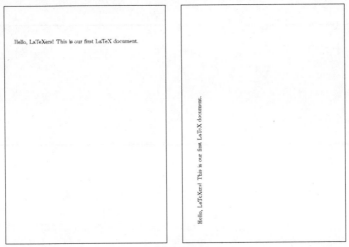

图 2-8　编译后的文档

2.4.2　页边距

article 类型的文档的页边距可以通过调用 geometry 宏包进行调整。

【例 2-11】创建一个简单的文档，并将其页边距调整为 25mm，代码如下所示。

```
\documentclass[11pt]{article}
\usepackage[margin = 25mm]{geometry}
\begin{document}
Hello, LaTeXers! This is our first LaTeX document.
\end{document}
```

编译上述代码，得到的文档如图 2-9 所示。

图 2-9　编译后的文档

2.4.3　章节标题的字体格式

article 类型的文档的章节标题的字体格式可以通过调用 sectsty 宏包进行调整。

【例 2-12】使用 sectsty 宏包调整文档章节标题的字体格式，代码如下所示。

```
\documentclass{article}
\usepackage{sectsty}
\sectionfont{\fontfamily{phv}\fontseries{b}\fontsize{11pt}{20pt}\
selectfont} %一级标题字体格式设置
\subsectionfont{\fontfamily{phv}\fontseries{b}\fontsize{11pt}{20pt}\
selectfont} %二级标题字体格式设置
\subsubsectionfont{\fontfamily{phv}\fontseries{b}\fontsize{11pt}{20pt}\
selectfont} %三级标题字体格式设置
\title{LaTeX cook-book}
\begin{document}
\maketitle
\section{Introduction}
\subsection{Introduction1}
\subsubsection{Introduction2}
Hello, LaTeXers! This is our first LaTeX document.
\end{document}
```

编译上述代码，得到的文档如图 2-10 所示。

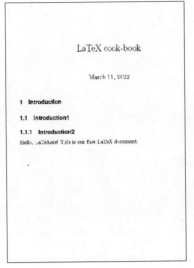

图 2-10　编译后的文档

2.5　简单文档的制作

LaTeX 不但适合制作篇幅较长的文档，也可以制作篇幅较短的文档，比如，手稿、作业等。在 LaTeX 的各类文档中，最为常用的文档类型为 article，以下将介绍如何制作一个 article 类型的简单的文档。

2.5.1　添加标题、日期、作者信息

添加标题、日期、作者信息一般在 \begin{document} 之前，格式如下。

\title{ 标题 }
\author{ 作者名字 }
\date{ 日期 }

如果要显示添加的相关信息，需要在 \begin{document} 之后使用 \maketitle 命令。

【例 2-13】以文档类型 article 为例，在简单的文档中添加标题、日期、作者等信息，代码如下所示。

```
\documentclass[a4paper, 12pt]{article}
```

```
\usepackage[T1]{fontenc}
\usepackage[utf8]{inputenc}
\usepackage{palatino}
\title{LaTeX cook-book}% 标题
\author{Author}% 作者
\date{2021/12/31}% 日期
\begin{document}
\maketitle % 显示命令
Hello, LaTeXers! This is our first LaTeX document.
\end{document}
```

编译上述代码，得到的文档如图 2-11 所示。

LaTeX cook-book

Author

2021/12/31

Hello, LaTeXers! This is our first LaTeX document.

图 2-11　编译后的文档

2.5.2　创建文档

我们在文档创作的过程中，具体内容都是放在 \begin{document} 和 \end{document} 之间的主体代码部分。

1. 设置章节

文档的章节是文档逻辑关系的重要体现，无论是中文论文，还是英文论文，都有严谨的格式，文中章、节、段分明。在 LaTeX 中，不同类型的文档设置章节的命令有些许差别。比如，\chapter 命令只在 book、report 两种类型的文档中有定义，article 类型的文档中设置章节可以通过 \section{name} 及 \subsection{name} 等简单的命令实现。

【例 2-14】在例 1 的基础上使用 \section{name} 及 \subsection{name} 命令创建二级标题，代码如下所示。

```
\documentclass[a4paper, 12pt]{article}
\usepackage[T1]{fontenc}
\usepackage[utf8]{inputenc}
\usepackage{palatino}
```

```
\title{LaTeX cook-book}
\author{Author}
\date{2021/12/31}
\begin{document}
\maketitle
\section{Introduction}% 一级标题
\subsection{Hellow LaTeXers}% 二级标题
Hello, LaTeXers! This is our first LaTeX document.
\end{document}
```

编译上述代码，得到的文档如图 2-12 所示。

LaTeX cook-book

Author

2021/12/31

1 Introduction

1.1 Hellow LaTeXers

Hello, LaTeXers! This is our first LaTeX document.

图 2-12 编译后的文档

2. 新增段落

段落是文章的基础，在 LaTeX 中，可以直接在文档中间键入文本作为段落，也可以使用 \paragraph{name} 和 \subparagraph{name} 插入带标题的段落和亚段落。

【例 2-15】在例 2 的基础上，使用 \paragraph{name} 和 \subparagraph{name} 插入带标题的段落，代码如下所示。

```
\documentclass[a4paper, 12pt]{article}
\usepackage[T1]{fontenc}
\usepackage[utf8]{inputenc}
\usepackage{palatino}
\title{LaTeX cook-book}
\author{Xinyu Chen}
\date{2021/07/06}
\begin{document}
\maketitle
\section{Introduction}% 一级标题
\subsection{Hellow LaTeXers}% 二级标题
```

```
\paragraph{PA}
Hello, LaTeXers! This is our first LaTeX document.
\subparagraph{Pa1}
This document is our starting point for learning LaTeX and writing with
it. It would not be difficult.
\end{document}
```

编译上述代码，得到的文档如图 2-13 所示。

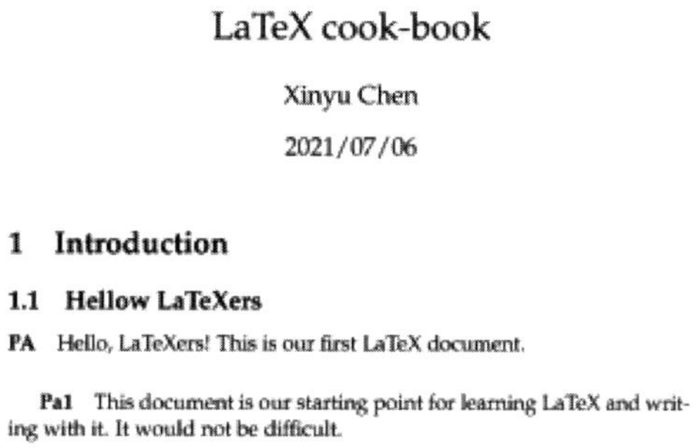

LaTeX cook-book

Xinyu Chen

2021/07/06

1 Introduction

1.1 Hellow LaTeXers

PA Hello, LaTeXers! This is our first LaTeX document.

    Pa1 This document is our starting point for learning LaTeX and writing with it. It would not be difficult.

图 2-13 编译后的文档

3. 生成目录

在 LaTeX 中，我们通过一行简单的命令便可以生成文档的目录，即 \tableofcontents。命令放在哪里，就会在哪里自动创建一个目录。默认情况下，该命令会根据用户定义的篇章节标题生成文档目录。目录中包含 \subsubsection 及更高层级的标题，而段落和子段信息则不会出现在文档目录中。注意，如果有带 * 号的章节命令，则该章节标题也不会出现在目录中。如果想让文档正文内容与目录不在同一页，那么可以在 \tableofcontents 命令后使用 \newpage 命令或者 clearpage 命令。

【例 2-16】使用 \tableofcontents 命令为一个简单的文档创建目录，代码如下所示。

```
\documentclass[12pt]{article}
\begin{document}
\tableofcontents
\section{LaTeX1}
\subsection{1.1}
The text of 1.1
\subsection{1.2}
The text of 1.2
\subsection{1.3}
The text of 1.3
```

```
\section{LaTeX2}
\subsection{2.1}
The text of 2.1
\subsection{2.2}
The text of 2.2
\subsection{2.3}
The text of 2.3
\section*{LaTeX3}
\end{document}
```

编译上述代码，得到的文档如图 2-14 所示。

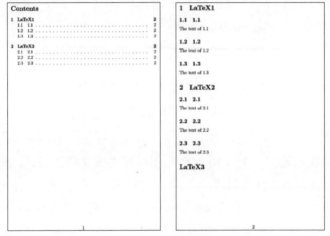

图 2-14   编译后的文档

类似对章节编号深度的设置，我们通过调用计数器命令 \mintinline{tex}{\setcounter} 也可以指定目录层次深度。例如：

- \setcounter{tocdepth}{0} % 目录层次仅包括 \part。
- \setcounter{tocdepth}{1} % 目录层次深入到 \section。
- \setcounter{tocdepth}{2} % 目录层次深入到 \subsection。
- \setcounter{tocdepth}{3} % 目录层次深入到 \subsubsection。

除此之外，我们还可以在章节前面添加 \addtocontents{toc}{\setcounter{tocdepth}{}} 命令，从而对每个章节设置不同深度的目录。除此之外，还有一些其他的目录格式调整命令。比如，如果我们想让创建的目录在文档中独占一页，那么只需要在目录生成命令前后添加 \newpage；如果我们需要让目录页面不带有全文格式，那么只需要在生成目录命令后面加上 \thispagestyle{empty} 命令；如果我们想在设置目录页之后设置页码为 1，则需要在生成目录命令后面加上 \setcounter{page}{1} 命令。

如果我们想要创建图目录或表目录，那么只需要分别使用 \listoffigures、\listoftables 命令即可。与创建章节目录的过程类似，这两个命令会根据文档中图表的标题生成图表目录，但不同之处在于，图目录或表目录中的所有标题均属于同一层次。

【练习题】

[1] 使用 mathpazo 宏包 [①] 中提供的默认字体创建一个简单的文档。

```
\documentclass[a4paper, 12pt]{article}
\usepackage[T1]{fontenc}
\usepackage[utf8]{inputenc}
% 请在此处声明使用 mathpazo 宏包
\begin{document}
Hello, LaTeXers! This is our first LaTeX document.
\end{document}
```

2.6　制作中文文档

起初，LaTeX 只提供英文的编译环境，对包括中文在内的其他文字支持程度很低。随着 LaTeX 在文档编辑方面的优势越来越深入人心，用户越来越多，LaTeX 逐渐开始支持多种文字。接下来我们便讲述如何使用 LaTeX 制作中文文档。

2.6.1　使用 ctex 宏包或 ctexart

通常来说，制作中文文档最简单的方式是在 XeLaTeX 编译环境下使用 ctex 宏包，即 \usepackage[UTF8]{ctex}。

【例 2-17】在 LaTeX 中选择 XeLaTeX 编译器，并使用 ctex 宏包制作一个简单的中文文档，代码如下所示。

```
\documentclass{article}
\usepackage[UTF8]{ctex}
\begin{document}
永和九年，岁在癸丑，暮春之初，会于会稽山阴之兰亭，修禊（禊）事也。群贤毕至，少长咸集。
```

---

① mathpazo 宏包提供的字体是在 Palatino 字体基础上开发出来的。

此地有崇山峻领（岭），茂林修竹；又有清流激湍，映带左右，引以为流觞曲水，列坐其次。虽无丝竹管弦之盛，一觞一咏，亦足以畅叙幽情。

```
\end{document}
```

编译后的效果如图 2-15 所示。

> 永和九年，岁在癸丑，暮春之初，会于会稽山阴之兰亭，修禊（禊）事也。群贤毕至，少长咸集。此地有崇山峻领（岭），茂林修竹；又有清流激湍，映带左右，引以为流觞曲水，列坐其次。虽无丝竹管弦之盛，一觞一咏，亦足以畅叙幽情。

图 2-15　编译后的效果

当然，ctex 中也有一种特定的文档类型，名为 ctexart，使用这种文档类型即可制作中文文档。

【例 2-18】在 LaTeX 中选择 XeLaTeX 编译器，并使用 ctexart 制作一个简单的中文文档，代码如下所示。

```
\documentclass{ctexart}
\begin{document}
    永和九年，岁在癸丑，暮春之初，会于会稽山阴之兰亭，修禊（禊）事也。群贤毕至，少长咸集。
此地有崇山峻领（岭），茂林修竹；又有清流激湍，映带左右，引以为流觞曲水，列坐其次。虽无丝竹管
弦之盛，一觞一咏，亦足以畅叙幽情。
\end{document}
```

编译后的效果如图 2-16 所示。

> 永和九年，岁在癸丑，暮春之初，会于会稽山阴之兰亭，修 禊（禊）事也。群贤毕至，少长咸集。此地有崇山峻领（岭），茂林修竹；又有清流激湍，映带左右，引以为流觞曲水，列坐其次。虽无丝竹管弦之盛，一觞一咏，亦足以畅叙幽情。

图 2-16　编译后的效果

在 ctexart 文档类型中，我们可自行设置字体类型，可选择字体类型的命令包括楷体（\kaishu）、宋体（\songti）、黑体（\heiti）、仿宋（\fangsong）等。

【例 2-19】在 LaTeX 中选择 XeLaTeX 编辑器，使用 ctexart 制作中文文档，将字体类型设置为楷体和黑体，代码如下所示。

```
\documentclass{ctexart}
\begin{document}
{\kaishu 【楷书】
```

永和九年，岁在癸丑，暮春之初，会于会稽山阴之兰亭，修稧（禊）事也。群贤毕至，少长咸集。此地有崇山峻领（岭），茂林修竹；又有清流激湍，映带左右，引以为流觞曲水，列坐其次。虽无丝竹管弦之盛，一觞一咏，亦足以畅叙幽情。}

　　{\heiti 【黑体】

永和九年，岁在癸丑，暮春之初，会于会稽山阴之兰亭，修稧（禊）事也。群贤毕至，少长咸集。此地有崇山峻领（岭），茂林修竹；又有清流激湍，映带左右，引以为流觞曲水，列坐其次。虽无丝竹管弦之盛，一觞一咏，亦足以畅叙幽情。}

　　\end{document}

编译后的效果如图 2-17 所示。

【楷书】
　　永和九年，岁在癸丑，暮春之初，会于会稽山阴之兰亭，修稧（禊）事也。群贤毕至，少长咸集。此地有崇山峻领（岭），茂林修竹；又有清流激湍，映带左右，引以为流觞曲水，列坐其次。虽无丝竹管弦之盛，一觞一咏，亦足以畅叙幽情。

【黑体】
　　永和九年，岁在癸丑，暮春之初，会于会稽山阴之兰亭，修稧（禊）事也。群贤毕至，少长咸集。此地有崇山峻领（岭），茂林修竹；又有清流激湍，映带左右，引以为流觞曲水，列坐其次。虽无丝竹管弦之盛，一觞一咏，亦足以畅叙幽情。

图 2-17　编译后的效果

2.6.2　使用 xeCJK 宏包

　　xeCJK 宏包是 LaTeX 中专门用于编译中文的工具包，声明调用该宏包的语句为 \usepackage{xeCJK}。一般而言，常规的文档类型均支持使用 xeCJK 宏包。

【例 2-20】在 LaTeX 中选择 XeLaTeX 编译器，并在 article 中使用 xeCJK 宏包制作一个简单的中文文档，代码如下所示。

```
\documentclass{article}
\usepackage{xeCJK}
\begin{document}
```
永和九年，岁在癸丑，暮春之初，会于会稽山阴之兰亭，修稧（禊）事也。群贤毕至，少长咸集。此地有崇山峻领（岭），茂林修竹；又有清流激湍，映带左右，引以为流觞曲水，列坐其次。虽无丝竹管弦之盛，一觞一咏，亦足以畅叙幽情。
```
\end{document}
```

编译后的效果如图 2-18 所示。

> 永和九年，岁在癸丑，暮春之初，会于会稽山阴之兰亭，修禊（禊）事也。群贤毕至，少长咸集。此地有崇山峻领（岭），茂林修竹；又有清流激湍，映带左右，引以为流觞曲水，列坐其次。虽无丝竹管弦之盛，一觞一咏，亦足以畅叙幽情。

图 2-18　编译后的效果

2.6.3　使用 CJKutf8 宏包

CJKutf8 宏包提供了一种编译中文的环境，即 \begin{CJK}{UTF8}{字体类型}\end{CJK}。需要注意的是，CJKutf8 一般在 pdfLaTeX 编译器中使用。

【例 2-21】在 LaTeX 中选择 pdfLaTeX 编译器，使用 CJKutf8 宏包中的 \begin{CJK}{UTF8}{gkai} \end{CJK} 环境制作一个简单的中文文档，代码如下所示。

```
\documentclass{article}
\usepackage{CJKutf8}
\begin{document}
\begin{CJK}{UTF8}{gkai}
永和九年，岁在癸丑，暮春之初，会于会稽山阴之兰亭，修禊（禊）事也。群贤毕至，少长咸集。
此地有崇山峻领（岭），茂林修竹；又有清流激湍，映带左右，引以为流觞曲水，列坐其次。虽无丝竹管
弦之盛，一觞一咏，亦足以畅叙幽情。
\end{CJK}
\end{document}
```

编译后的效果如图 2-19 所示。

> 永和九年，岁在癸丑，暮春之初，会于会稽山阴之兰亭，修禊（禊）事也。群贤毕至，少长咸集。此地有崇山峻领（岭），茂林修竹；又有清流激湍，映带左右，引以为流觞曲水，列坐其次。虽无丝竹管弦之盛，一觞一咏，亦足以畅叙幽情。

图 2-19　编译后的效果

第 3 章

文 本 编 辑

　　文本是科技论文或科技报告的重要内容。而在论文或报告中，简洁美观的文本便于阅读者理解，并且可以提供优质的阅读体验。因此，我们需要认真学习在 LaTeX 中如何编辑出清晰明了的文本内容。

　　文本编辑的内容一般包括文本章节的设定、文本段落的编辑、文字格式的编辑、列表的创建、页眉页脚和脚注的创建。其中，文本段落的编辑又包含段落首行缩进、段行间距、段落对齐方式的调整等，而文字的编辑则主要包含字体样式的调整、字体大小的调整、字体颜色的调整、字体本身的设定、下划线和删除线，以及一些特殊字符的书写等。

　　创建列表为的是方便读者阅读文本，而这类文本中的内容一般处于并列关系（少量列表中也存在递进关系）。合适的列表便于读者了解文本的框架和内容关系。列表内容主要包括无序列表、排序列表、阐述性列表和自定义列表格式。另外，在文本编辑时，页眉页脚和脚注是很重要的，页眉可以显示题目或者章节名称等提醒内容，而页脚则可以显示文本页码等重要信息，脚注可以用于备注一些重要或特别的内容，如作者个人信息以及项目资助信息等。

　　本章将详细介绍文本编辑的相关内容，学好文本编辑有助于我们制作一个可读性更好的高质量文档。

3.1 创建标题部分、摘要及关键词

文档主体代码是指位于 document 环境的部分。在文档正文章节内容及目录之前，一般先创建标题部分（包括文档标题、作者和日期），摘要，以及关键词。这也是文档主体代码中最开始的部分。下面详细介绍这部分的创建过程。

3.1.1 创建标题部分

这一部分与第二章第五节添加标题、日期、作者信息的方法类似。

- 使用 \title{} 命令设置文档标题。当文档标题较长时，可以使用 \\ 对标题内容进行分行。
- 使用 \author{} 命令设置作者。
- 使用 \date{} 命令设置日期信息。在实际使用时，如果需要省略日期信息，那么在 {} 中不写任何内容即可。如果要使用默认值（当前日期），则应使用 \date 命令。
- 使用 \maketitle 命令完成标题部分的创建。仅仅执行上述三行语句，则无法在文档编译时生成标题部分，还必须在之后加上 \maketitle 命令。即只有对标题部分内容进行排版，才能真正实现标题部分的创建。具体实例见例 3-1。

3.1.2 创建摘要及关键词

在 LaTeX 中，使用 abstract 环境撰写文档摘要部分，并在其后使用 \textbf{} 命令设置文档关键词。

【例 3-1】创建标题部分、摘要及关键词，代码如下所示。

```
\documentclass[fontsize=12pt]{article}
\begin{document}
\title{My title} % 设置文档标题
\author{A, B and C} % 设置作者
\date{August 2021} % 设置日期信息
\maketitle %
\begin{abstract}  % 设置摘要
This is the abstract. This is the abstract. This is the abstract. This
is the abstract. This is the abstract. This is the abstract.
```

```
\end{abstract}
\textbf{Keywords: keyword1, keyword2, keyword3}  % 设置关键词
Hello, LaTeX! Hello, LaTeX! Hello, LaTeX! Hello, LaTeX! Hello, LaTeX!
Hello, LaTeX! Hello, LaTeX! Hello, LaTeX! Hello, LaTeX! Hello, LaTeX! Hello,
LaTeX! Hello, LaTeX!  % 文档内容
\end{document}
```

编译后的效果如图 3-1 所示。

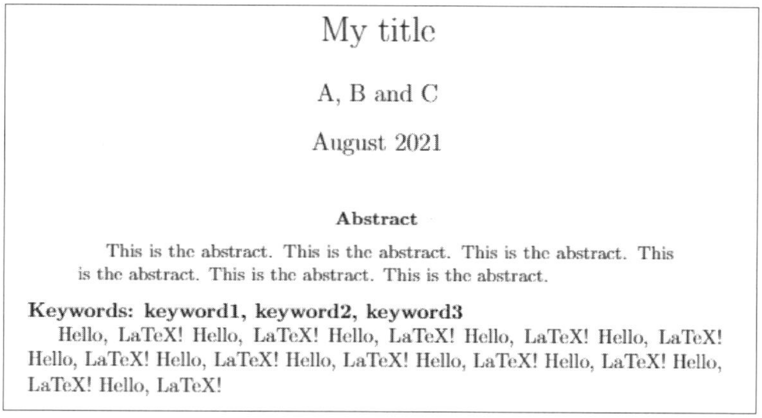

图 3-1　编译后的效果

3.2　创 建 章 节

在制作文档时，不管是学术论文，还是书籍，都需要创建章节来优化文章的层次结构。在常用的 article 类型文档中，我们可以使用 \section{} 命令创建章节，其中二级章节用 \subsection{} 命令创建，章节名称填写在 {} 中。

【例 3-2】使用 \section{} 及 \subsection{} 命令创建两级章节，代码如下所示。

```
\documentclass[12pt]{article}
\begin{document}
\section{Text Editing}
\subsection{Text}
\subsection{List}
\subsection{Section}
\end{document}
```

编译后的效果如图 3-2 所示。

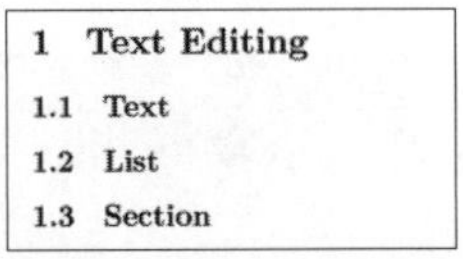

| 1 Text Editing |
| 1.1 Text |
| 1.2 List |
| 1.3 Section |

图 3-2　编译后的效果

有时，我们需要调整章节标题的格式，比如，去除章节编号及改变标题字体样式等。如果需要去除章节编号，那么我们可以在创建章节命令中加入一个星号命令，如 \section*{} 命令；如果需要改变字体样式，那么我们可以使用 titlesec 宏包中的命令 \titleformat*{}{}。

【例 3-3】使用 \section*{} 删除章节标题，并使用 titlesec 宏包改变章节标题字体样式，代码如下所示。

```
\documentclass[12pt]{article}
\usepackage{titlesec}
\titleformat*{\subsection}{\Large\sectionef}
\begin{document}
\section*{Text Editing}
\subsection{Text}
\subsection{List}
\subsection{Section}
\end{document}
```

编译后的效果如图 3-3 所示。

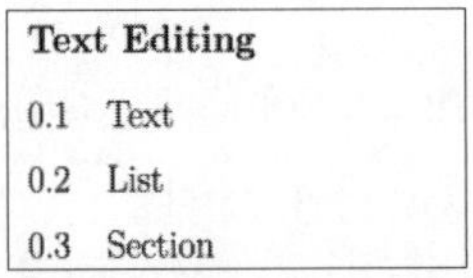

| Text Editing |
| 0.1　Text |
| 0.2　List |
| 0.3　Section |

图 3-3　编译后的效果

当然，有时我们可能需要让标题居中显示。在 LaTeX 的 article 类型文档中，我们可以调用 sectsty 宏包，并使用 \sectionfont{\centering} 命令让标题居中。

【例 3-4】调用 sectsty 宏包，并使用 \sectionfont{\centering} 命令让标题居中，代码如下所示。

```
\documentclass[12pt]{article}
\usepackage{sectsty}
```

```
\sectionfont{\centering}
\begin{document}
\section{Text Editing}
\subsection{Text}
\subsection{List}
\subsection{Section}
\end{document}
```

编译后的效果如图 3-4 所示。

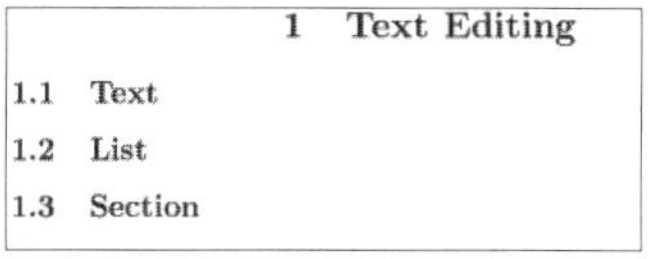

```
          1    Text Editing

1.1   Text
1.2   List
1.3   Section
```

图 3-4　编译后的效果

3.3　生 成 目 录

在 LaTeX 中，使用 \tableofcontents 命令即可创建章节目录。命令放在哪里，就会在哪里自动创建一个章节目录。默认情况下，该命令会根据用户定义的篇章节标题生成文章目录，目录中将包含 \subsubsection 及更高层级的标题。但章节命令如果带星号，则其章节标题不会出现在目录中。

【例 3-5】使用 \tableofcontents 命令创建章节目录，代码如下所示。

```
\documentclass[12pt]{article}
\begin{document}

\tableofcontents  % 创建章节目录

\section{First Section}
\subsection{Subsection title 1}
\subsection{Subsection title 2}
\subsection{Subsection title 3}
\section{Second Section}
\subsection{Subsection title 4}
\subsection{Subsection title 5}
```

```
\subsection{Subsection title 6}
\section*{Third section}
\subsection*{Subsection title 7}
\subsection*{Subsection title 8}
\subsection*{Subsection title 9}

\end{document}
```

编译后的效果如图 3-5 所示。

Contents

1 First Section **1**
1.1 Subsection title 1 1
1.2 Subsection title 2 1
1.3 Subsection title 3 1

2 Second Section **1**
2.1 Subsection title 4 1
2.2 Subsection title 5 1
2.3 Subsection title 6 1

1 First Section

1.1 Subsection title 1

1.2 Subsection title 2

1.3 Subsection title 3

2 Second Section

2.1 Subsection title 4

2.2 Subsection title 5

2.3 Subsection title 6

Third section

Subsection title 7

Subsection title 8

Subsection title 9

图 3-5 编译后的效果

根据格式需求的不同，用户可以对目录格式进行相应的调整。

- 调整章节层次深度

在上一节中，我们介绍了使用计数器命令 \setcounter{secnumdepth}{} 调整章节自动编号深度。类似地，我们可以通过在导言区使用 \setcounter{tocdepth}{} 命令指定目录中的章节层次深度。

【例 3-6】使用 \setcounter{tocdepth}{} 命令调整章节层次深度，代码如下所示。

```
\setcounter{tocdepth}{0}
% 目录层次仅包括 `\part` 和 `chapter`

\setcounter{tocdepth}{1}   % 设置目录层次深入到 `\section` 级

\setcounter{tocdepth}{2}   % 设置目录层次深入到 `\subsection` 级

\setcounter{tocdepth}{3}   % 设置目录层次深入到 `\subsubsection` 级，默认值
```

上面的语句可以为所有章节指定相同的目录层次深度。此外，我们也可以为每个章节设置不同的目录层次，具体做法是在每个章节创建命令前，使用 \addtocontents{toc}{\setcounter{tocdepth}{}} 命令为该章节指定目录层次深度。

【例 3-7】使用 \addtocontents{toc}{\setcounter{tocdepth}{}} 命令为各章节设置不同的目录层次，代码如下所示。

```
\addtocontents{toc}{\setcounter{tocdepth}{1}} % 将章节 "First Section" 的目
录层次深度设为 1

\section{First Section}

\addtocontents{toc}{\setcounter{tocdepth}{2}} % 将章节 "Second Section" 的
目录层次深度设为 2

\section{Second Section}
```

- 设置章节标题的"目录别名"

当章节标题特别长时，直接在目录中显示完整标题则可视化效果不佳，因此需要为长章节标题设置一个比较短的"目录别名"。如果希望通过设置在正文中可以显示完整标题，而在目录中显示"短标题"，则只需要在章节创建命令中添加目录别名选项。

- 添加目录章节引用链接

如果要为目录中的章节引用添加链接，使得点击链接后就能跳转到相应章节所在页面，那么只需要在导言区调用 hyperref 宏包，设置 colorlinks=true 选项。此时，文档中章节引用及其他交叉引用均会被自动添加链接（添加了链接的引用将显示红色）。

【例 3-8】使用 \section[]{} 设置章节目录别名，并使用 hyperref 宏包为目录章节引用自动添加链接，代码如下所示。

```
\documentclass[12pt]{article}
\usepackage[colorlinks=true]{hyperref}  % 为文档中的章节引用自动添加链接
\begin{document}
\tableofcontents
\section[FS]{First Section}  % 将章节"First Section"的目录别名设为"FS"
\subsection{Subsection title 1}
\subsection{Subsection title 2}
\subsection{Subsection title 3}
\section[SS]{Second Section}  % 将章节"Second Section"的目录别名设为"SS"
\subsection{Subsection title 4}
\subsection{Subsection title 5}
\subsection{Subsection title 6}
\section[TS]{Third Section}  % 将章节"Third Section"的目录别名设为"TS"
\subsection{Subsection title 7}
\subsection{Subsection title 8}
\subsection{Subsection title 9}
\end{document}
```

编译后的效果如图 3-6 所示。

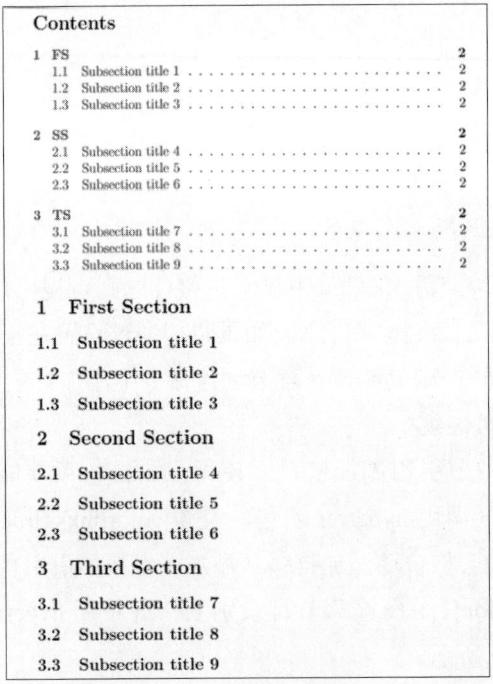

Contents

1 FS 2
1.1 Subsection title 1 2
1.2 Subsection title 2 2
1.3 Subsection title 3 2

2 SS 2
2.1 Subsection title 4 2
2.2 Subsection title 5 2
2.3 Subsection title 6 2

3 TS 2
3.1 Subsection title 7 2
3.2 Subsection title 8 2
3.3 Subsection title 9 2

1 First Section

1.1 Subsection title 1

1.2 Subsection title 2

1.3 Subsection title 3

2 Second Section

2.1 Subsection title 4

2.2 Subsection title 5

2.3 Subsection title 6

3 Third Section

3.1 Subsection title 7

3.2 Subsection title 8

3.3 Subsection title 9

图 3-6　编译后的效果

3.4　编　辑　段　落

3.4.1　段落首行缩进调整

若想调整段落首行缩进的距离，可以使用 \setlength{\parindent}{ 长度 } 命令，在 { 长度 } 处填写需要设置的距离即可。

【例 3-9】使用 \setlength{\parindent}{ 长度 } 命令将段落首行缩进设置为两字符，代码如下所示。

```
\documentclass[12pt]{article}
\setlength{\parindent}{2em}
\begin{document}
In \LaTeX, We can use the setlength command to adjust the indentation
distance of the first line. In this case, we set the indentation distance as
2em.
\end{document}
```

编译后的效果如图 3-7 所示。

> In LᴬTᴇX, We can use the setlength command to adjust the indentation distance of the first line. In this case, we set the indentation distance as 2em.

图 3-7　编译后的效果

当然，如果不想让段落自动首行缩进，那么在段落前使用命令 \noindent 即可。

【例 3-10】使用 \noindent 命令将第二段设置为首行不缩进，代码如下所示。

```
\documentclass[12pt]{article}
\setlength{\parindent}{2em}
\begin{document}
In \LaTeX, We can use the setlength command to adjust the indentation
distance of the first line. In this case, we set the indentation distance as 2em.
\noindent In \LaTeX, We can use the setlength command to adjust the indentation
distance of the first line. In this case, we set the indentation distance
as 2em.
\end{document}
```

编译后的效果如图 3-8 所示。

> In LaTeX, We can use the setlength command to adjust the indentation distance of the first line. In this case, we set the indentation distance as 2em. In LaTeX, We can use the setlength command to adjust the indentation distance of the first line. In this case, we set the indentation distance as 2em.

图 3-8　编译后的效果

需要注意的是，当段落设置在章节后面时，每一节后的第一段默认是不缩进的。为了使第一段像其他段一样缩进，可以在段落前使用 \hspace*{\parindent} 命令，也可以在源文件的前导代码中直接调用宏包 \usepackage{indentfirst}。

【例 3-11】使用 \hspace*{\parindent} 命令使章节后第一段首行缩进，代码如下所示。

```
\documentclass[12pt]{article}
\setlength{\parindent}{2em}
\begin{document}
\section{Introduction}
\hspace*{\parindent}In \LaTeX, We can use the setlength command to
adjust the indentation distance of the first line. In this case, we set the
indentation distance as 2em.

    In \LaTeX, We can use the setlength command to adjust the indentation
distance of the first line. In this case, we set the indentation distance as
2em.
\end{document}
```

编译后的效果如图 3-9 所示。

> In LaTeX, We can use the setlength command to adjust the indentation distance of the first line. In this case, we set the indentation distance as 2em. In LaTeX, We can use the setlength command to adjust the indentation distance of the first line. In this case, we set the indentation distance as 2em.

图 3-9　编译后的效果

【例 3-12】使用 \usepackage{indentfirst} 命令使章节后第一段首行缩进，代码如下所示。

```
\documentclass[12pt]{article}
\setlength{\parindent}{2em}
\usepackage{indentfirst}
\begin{document}
\section{Introduction}
    In \LaTeX, We can use the setlength command to adjust the indentation distance
of the first line. In this case, we set the indentation distance as 2em.
```

```
    In \LaTeX, We can use the setlength command to adjust the indentation
distance of the first line. In this case, we set the indentation distance as
2em.
    \end{document}
```

编译后的效果如图 3-10 所示。

1 Introduction

In LaTeX, We can use the setlength command to adjust the indentation distance of the first line. In this case, we set the indentation distance as 2em.

In LaTeX, We can use the setlength command to adjust the indentation distance of the first line. In this case, we set the indentation distance as 2em.

图 3-10　编译后的效果

3.4.2　段落间距调整

为了使段落与段落之间的区别更加明显，我们可以在段落之间设置一定的间距，最简单的方式是使用 \smallskip、\medskip 和 \bigskip 等命令。

【例 3-13】使用 \smallskip、\medskip 和 \bigskip 等命令调整不同的段落间距，代码如下所示。

```
\documentclass[12pt]{article}
\begin{document}
How to set space between any two paragraphs?
\smallskip

How to set space between any two paragraphs?
\medskip

How to set space between any two paragraphs?
\bigskip

How to set space between any two paragraphs?
\end{document}
```

编译后的效果如图 3-11 所示。

How to set space between any two paragraphs?
How to set space between any two paragraphs?
How to set space between any two paragraphs?

How to set space between any two paragraphs?

图 3-11　编译后的效果

3.4.3　段落添加文本框

有时由于文档没有图，只有文字，因此版面显得极其单调。这时，可以做一些设置，让版面有所变化，比如，通过给文字加边框来实现对段落文本新增边框。在 LaTeX 中，我们可以使用 \fbox{} 命令给文本新增边框。

【例 3-14】使用 \fbox{} 创建文本边框，代码如下所示。

```
\documentclass[12pt]{article}
\begin{document}
\fbox{
    \parbox{0.8\linewidth}{
        In \LaTeX, we can use fbox and parbox to put a box around
multiple lines. In this case, we set the linewidth as 0.8.
    }
}
\end{document}
```

编译后的效果如图 3-12 所示。

In LaTeX, we can use fbox and parbox to put a box around
multiple lines. In this case, we set the linewidth as 0.8.

图 3-12　编译后的效果

3.4.4　段落对齐方式调整

LaTeX 默认的文本对齐方式是两端对齐，有时，我们为了突出某一段落的内容，会选择将其居中显示，这时可以使用 center 环境使文本居中对齐。另外，我们也可以使用 flushleft 环境和 flushright 环境将文本设置为左对齐或右对齐。

【例 3-15】分别使用 center、flushleft 和 flushright 环境将文本居中对齐、左对齐和右对齐，代码如下所示。

```
\documentclass[12pt]{article}
\begin{document}
\begin{center}
This is latex-cookbook
\end{center}

\begin{flushleft}
This is latex-cookbook
\end{flushleft}

\begin{flushright}
This is latex-cookbook
\end{flushright}
\end{document}
```

编译后的效果如图 3-13 所示。

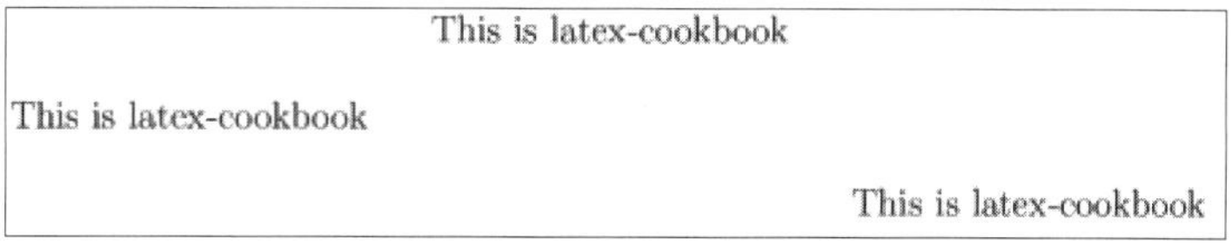

图 3-13　编译后的效果

3.5　文　字　编　辑

文字编辑是制作文档非常重要的一部分，主要工作包括调整字体样式、字体设置、增加下划线、突出文字、调整字体大小、调整对齐格式等。

3.5.1　调整字体样式

调整文字的样式有很多命令，这些命令包括 \textit、\textbf、\textsc、\texttt 等，使用时需要用到花括号 {}。具体而言，\textit 对应斜体字，\textbf 对应粗体字，\textsc 对应小型大写字母，\texttt 对应打印机字体（即等宽字体）。

【例 3-16】分别使用 \textit、\textbf、\textsc、\texttt 命令对字体样式进行调整，代码如下所示。

```
\documentclass[12pt]{article}
\begin{document}
Produce \textit{italicized} text. \\        % 生成斜体字的文本

Produce \textbf{bold face} text. \\         % 生成粗体字的文本

Produce \textsc{small caps} text. \\        % 生成小型大写字母的文本

Produce \texttt{typewriter font} text. \\ % 生成打字机字体的文本
\end{document}
```

编译后的效果如图 3-14 所示。

```
Produce italicized text.
Produce bold face text.
Produce SMALL CAPS text.
Produce typewriter font text.
```

图 3-14　编译后的效果

除了这几种字体样式，如果想将文本中的英文字母全部改为大写，可用 \uppercase 和 \MakeUppercase 两个命令中的任意一个。

【例 3-17】分别使用 \uppercase 和 \MakeUppercase 将义本中的英文字母全部改为大写，代码如下所示。

```
\documentclass[12pt]{article}
\begin{document}
\uppercase{Use uppercase command to force all uppercase.}

\MakeUppercase{Use MakeUppercase command to force all uppercase.}
\end{document}
```

编译后的效果如图 3-15 所示。

```
USE UPPERCASE COMMAND TO FORCE ALL UPPERCASE.
USE MAKEUPPERCASE COMMAND TO FORCE ALL UPPERCASE.
```

图 3-15　编译后的效果

一般而言，当我们需要对段落、句子、关键词等做特殊标记时，往往会用到上述几种字体样式。其中，打字机字体主要用于代码的排版。如果需要添加一个网站，我们通常也会选用打字机字体使文本突出显示，如 \texttt{https://www.overleaf.com}。

3.5.2　调整字体大小

调整字体大小，一方面可以通过在声明文档类型的命令 \documentclass[]{} 中指定具体的字体大小（如 11pt、12pt）来实现，另一方面也可以通过一些简单的命令来实现，代码如下所示。

```
\documentclass[12pt]{article}
\begin{document}
Produce {\tiny tiny word}

Produce {\scriptsize script size word}

Produce {\footnotesize footnote size word}

Produce {\normalsize normal size word}

Produce {\large large word}

Produce {\Large Large word}

Produce {\LARGE LARGE word}

Produce {\huge huge word}

Produce {\Huge Huge word}
\end{document}
```

编译后的效果如图 3-16 所示。

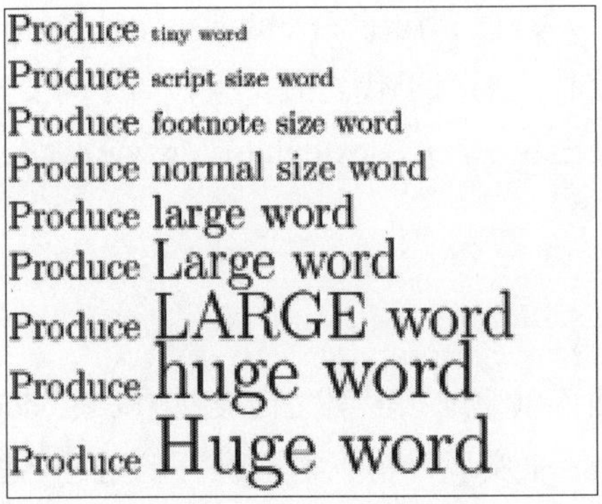

图 3-16　编译后的效果

在这里，这些命令对应的字号依次从小到大。当然，这些命令也有另外一种用法。以 \large、\Large、\LARGE 为例，我们可以使用 \begin{} \end{} 语句来实现字体加大，代码如下所示。

```
\documentclass[12pt]{article}
\begin{document}
Produce \begin{large}large word\end{large}

Produce \begin{Large}large word\end{Large}

Produce \begin{LARGE}large word\end{LARGE}
\end{document}
```

编译后的效果如图 3-17 所示。

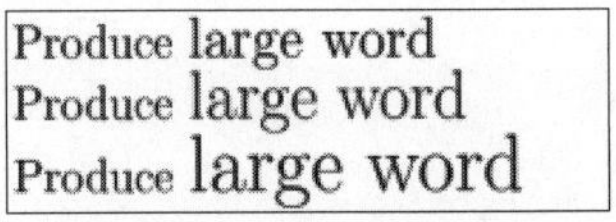

图 3-17　编译后的效果

3.5.3　调整字体颜色

一般而言，文本默认的颜色是黑色，但有时候，我们需要改变字体的颜色，这通过 LaTeX 的一些拓展宏包就可以实现，如 xcolor。

使用颜色宏包时，我们也可以根据需要自定义颜色，相应的命令为 \definecolor{A}{B}{C}。其中，位置 A 设定颜色标签，位置 B 设定颜色系统为 RGB（英文缩写 RGB 是红色、绿色和蓝色三种颜色的英文单词首字母），位置 C 设定具体的 RGB 数值。

【例 3-18】使用颜色宏包 color 中的 \definecolor{}{}{} 命令自定义一系列颜色，并制作简单的文档，代码如下所示。

```latex
\documentclass[12pt]{article}
\usepackage{color}
\definecolor{kugreen}{RGB}{50, 93, 61}
\definecolor{kugreenlys}{RGB}{132, 158, 139}
\definecolor{kugreenlyslys}{RGB}{173, 190, 177}
\definecolor{kugreenlyslyslys}{RGB}{214, 223, 216}
\begin{document}
This is a simple example for using \LaTeX.

{\color{kugreen}This is a simple example for using \LaTeX.}

{\color{kugreenlys}This is a simple example for using \LaTeX.}

{\color{kugreenlyslys}This is a simple example for using \LaTeX.}

{\color{kugreenlyslyslys}This is a simple example for using \LaTeX.}
\end{document}
```

编译后的效果如图 3-18 所示。

This is a simple example for using LaTeX.
This is a simple example for using LaTeX.
This is a simple example for using LaTeX.
This is a simple example for using LaTeX.
This is a simple example for using LaTeX.

图 3-18　编译后的效果

3.5.4　字体设置

编译英文文档，一般会用宏包 fontspec 设置具体的字体，调用命令为 \usepackage{fontspec}。需要说明的是，这个宏包只能设置英文的字体。设置英文字体的代码如下所示。

```
\setmainfont{Times New Roman}
\setsansfont{DejaVu Sans}
\setmonofont{Latin Modern Mono}
\setsansfont{[foo.ttf]}
```

如果文档输入的是中文，那么先要声明文档类型为 ctex 中的 ctexart 或 ctexrep 等。

在 LaTeX 中，编译文档默认的英文字体一般为 Computer Modern，如果要将其调整为其他特定类型的字体，那么可以在前导代码中使用各种字体对应的宏包。不同字体对应的宏包可参考说明文档，具体可点击如下网址查询。https://www.overleaf.com/learn/latex/Font_typefaces。

【例 3-19】新建一个简单的文档，并将字体设置为 Palatino，代码如下所示。

```
\documentclass[a4paper, 12pt]{article}
\usepackage[T1]{fontenc}
\usepackage[utf8]{inputenc}
\usepackage{palatino} % palatino 宏包提供了 Palatino 字体
\begin{document}
Hello, LaTeXers! This is our first LaTeX document.
\end{document}
```

编译后的效果如图 3-19 所示。

Hello, LaTeXers! This is our first LaTeX document.

图 3-19　编译后的效果

3.5.5　下划线与删除线

有时候，为了突出特定的文本，我们也会使用各种下划线。最常用的下划线命令是 \underline。然而，这个命令存在一个缺陷，即当文本长度超过页面宽度时，下划线不会自动跳到下一行，因此，我们需要用到一个叫 ulem 的宏包。使用这个宏包中的命令 \uline 可以增加单下划线，使用 \uuline 可以增加双下划线，而使用 \uwave 则可以增加波浪线。

【例 3-20】分别使用 \underline、\uline、\uuline、\uwave 给文本增加下划线，代码如下所示。

```
\documentclass[12pt]{article}
\usepackage{ulem}
\begin{document}
```

```
Generate \underline{underlined} text. \\          % 生成带下划线的文本（使用
\underline 命令）

Generate \uline{underlined} text. \\             % 生成单下划线的文本（使用
\uline 命令）

Generate \uuline{double underlined} text. \\  % 生成单下划线的文本

Generate \uwave{wavy underlined} text. \\       % 生成波浪线的文本
\end{document}
```

编译后的效果如图 3-20 所示。

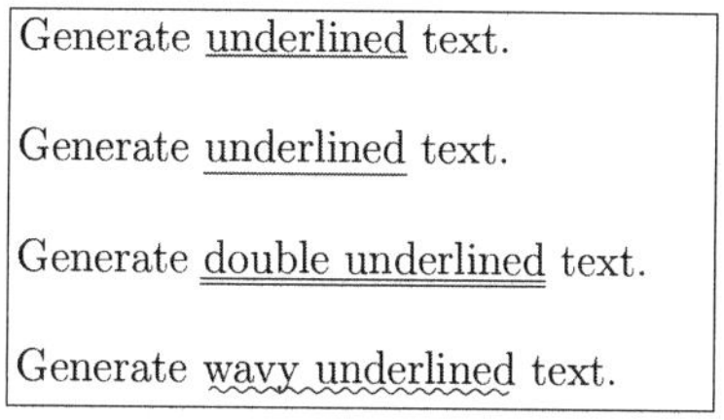

Generate underlined text.

Generate underlined text.

Generate double underlined text.

Generate wavy underlined text.

图 3-20　编译后的效果

删除线是文字中间划出的线段，常见于文档的审阅。在 LaTeX 中，我们可以使用宏包 soul 中的 \st 命令生成删除线。

【例 3-21】使用 soul 宏包中的 \st 命令给文本增加删除线，代码如下所示。

```
\documentclass[12pt]{article}
\usepackage{soul}
\begin{document}
Generate \st{strikethrough} text. \\        % 生成带删除线的文本

Generate \st{many many strikethrough strikethrough strikethrough
strikethrough strikethrough strikethrough} text. \\        % 生成带删除线的文本
\end{document}
```

编译后的效果如图 3-21 所示。

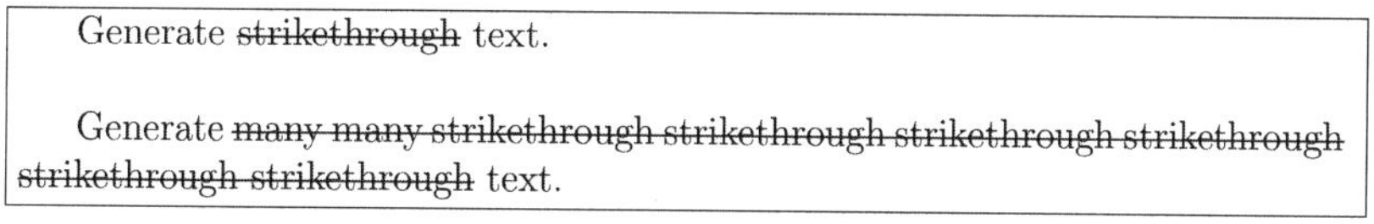

Generate ~~strikethrough~~ text.

Generate ~~many many strikethrough strikethrough strikethrough strikethrough strikethrough strikethrough~~ text.

图 3-21　编译后的效果

当然，我们也可以根据需要给文本的下标部分绘制下划线，参考 https://latex.org/forum/viewtopic.php?f=48&t=8891。

【例 3-22】给文本的下标部分绘制下划线，代码如下所示。

```
\documentclass[12pt]{article}
\begin{document}
This\_is\_text\_with\_underscores.
\end{document}
```

编译后的效果如图 3-22 所示。

This_is_text_with_underscores.

图 3-22　编译后的效果

3.5.6　特殊字符

在 LaTeX 中，有很多特殊字符的编译需要遵循一定的规则，例如：
- 反斜杠 (backslash) 符号是 LaTeX 中定义和使用各类命令的基本符号，若要在文档中编译出反斜杠，可使用 \textbackslash；
- 百分号通常用于注释代码，若要在文档中编译出百分号，可使用 \%；
- 美元符号通常用于书写公式，若要在文档中编译出美元符号，可使用 \$。

带圆圈的数字可用于各类编号，我们可以根据需要插入这种特殊符号。在 LaTeX 中，比较常用的一种生成带圆圈数字的方法是使用宏包 pifont。具体做法是在前导代码中声明使用宏包，即 \usepackage{pifont}，使用该宏包所提供的命令 \ding{}，可以生成从 1 到 10 的带圆圈数字，且圆圈样式也各异。

【例 3-23】使用 pifont 宏包中的命令生成从 1 到 10 的带圆圈数字，代码如下所示。

```
\documentclass[12pt]{article}
\usepackage{pifont}
\begin{document}
How to write a number in a circle? \\

Type 1: \ding{172}-\ding{173}-\ding{174}-\ding{175}-\ding{176}-
\ding{177}-\ding{178}-\ding{179}-\ding{180}-\ding{181} \\        % 样式1是
从 172 开始
```

```
Type 2: \ding{182}-\ding{183}-\ding{184}-\ding{185}-\ding{186}-\ding{187}-\ding{188}-\ding{189}-\ding{190}-\ding{191} \\     % 样式 2 是从 182 开始

Type 3: \ding{192}-\ding{193}-\ding{194}-\ding{195}-\ding{196}-\ding{197}-\ding{198}-\ding{199}-\ding{200}-\ding{201} \\     % 样式 3 是从 192 开始

Type 4: \ding{202}-\ding{203}-\ding{204}-\ding{205}-\ding{206}-\ding{207}-\ding{208}-\ding{209}-\ding{210}-\ding{211} \\     % 样式 4 是从 202 开始
\end{document}
```

编译后的效果如图 3-23 所示。

How to write a number in a circle?

Type 1: ①-②-③-④-⑤-⑥-⑦-⑧-⑨-⑩

Type 2: ❶-❷-❸-❹-❺-❻-❼-❽-❾-❿

Type 3: ①-②-③-④-⑤-⑥-⑦-⑧-⑨-⑩

Type 4: ❶-❷-❸-❹-❺-❻-❼-❽-❾-❿

图 3-23 编译后的效果

【练习题】

[1] 使用 \emph 命令对以下指定文字的字体样式进行调整。

```
\documentclass[12pt]{article}
\begin{document}
%% 要求：使用 \emph 生成斜体字的文本
%% 提示：在花括号外适当位置输入 \emph 命令，并对源文件进行编译
Produce {emphasized} text.
\end{document}
```

[2] 在 LaTeX 中使用双引号。

```
\documentclass[12pt]{article}
\begin{document}
```

```
%% 提示: 在需要加引号的文本左侧使用 "、右侧使用" 符号即可
 A quoted word.
\end{document}
```

注: 实际上, 还有另外一种方法 (参考 Double Quotation Marks), 需要用到 csquotes 宏包中的 \enquote 命令, 如下所示。

```
\documentclass[12pt]{article}
\usepackage{csquotes}
\begin{document}
A \enquote{quotation with an \enquote{inner} quotation.}
\end{document}
```

3.6 创 建 列 表

在内容表达上, 列表是一种非常有效的方式。它将某一论述内容分成若干个条目进行罗列, 具有简明扼要、醒目直观的表达效果。

通常来说, 列表有单层列表和多层列表, 多层列表通常是在最外层列表中嵌套了一层甚至更多层列表。具体来说, 列表主要有三种类型, 即无序列表、排序列表和阐述性列表。其中, 无序列表和排序列表是相对常用的列表类型, LaTeX 针对这三种列表提供了一些基本环境。

● 无序列表的使用方法为:

```
\begin{itemize}
\item Item 1 % 条目 1
\item Item 2 % 条目 2
\end{itemize}
```

● 排序列表的使用方法为:

```
\begin{enumerate}
\item Item 1 % 条目 1
\item Item 2 % 条目 2
\end{enumerate}
```

● 阐述性列表的使用方法为：

```
\begin{description}
\item Item 1 % 条目 1
\item Item 2 % 条目 2
\end{description}
```

在这三种列表中，我们创建的每一项列表内容都需要紧随在 \item 命令之后。当然，我们也可以根据需要选择合适的列表类型、调整列表符号甚至行间距等。

3.6.1　无序列表

LaTeX 中的无序列表环境一般用特定符号（如圆点、星号）作为列表中每个条目的起始标志，以区别于常规文本。可以忽略主次或者先后顺序关系的条目，都可以使用无序列表环境来编写。无序列表也被称为常规列表，是很多文档最常用的列表类型。

【例 3-24】使用无序列表环境创建一个简单的无序列表，代码如下所示。

```
\documentclass[12pt]{article}
\begin{document}
\begin{itemize}
\item Python % 条目 1
\item LaTeX  % 条目 2
\item GitHub % 条目 3
\end{itemize}
\end{document}
```

编译后的效果如图 3-24 所示。

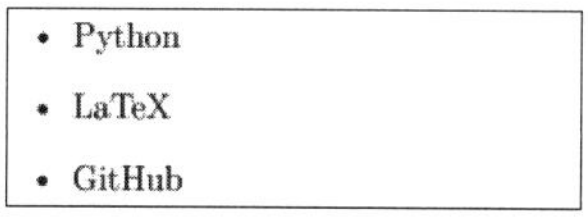

图 3-24　编译后的效果

在无序列表环境中，每个条目都是以条目命令 \item 开头的，一般默认的起始符号是 textbullet，即大圆点符号。当然，我们也可以根据需要调整起始符号。

【例 3-25】在无序列表环境中使用星号作为条目的起始符号，代码如下所示。

```
\documentclass[12pt]{article}
```

```
\begin{document}
\begin{itemize}
\item Python      % 条目 1，起始符号为大圆点
\item LaTeX       % 条目 2，起始符号为大圆点
\item[*] GitHub   % 条目 3，起始符号为星号
\end{itemize}
\end{document}
```

编译后的效果如图 3-25 所示。

- Python
- LaTeX
* GitHub

图 3-25　编译后的效果

如果要将所有条目的符号都进行调整，并统一为某一个特定符号，可以使用 \renewcommand 命令进行自定义设置。

【例 3-26】将条目的起始符号设置为黑色方块（black square），代码如下所示。

```
\documentclass[12pt]{article}
\renewcommand\labelitemi{$\blacksquare$}
% 在这里，若是空心方块，则使用 \renewcommand\labelitemi{$\square$}
\begin{document}
\begin{itemize}
\item Python % 条目 1
\item LaTeX  % 条目 2
\item GitHub % 条目 3
\end{itemize}
\end{document}
```

编译后的效果如图 3-26 所示。

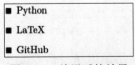

■ Python
■ LaTeX
■ GitHub

图 3-26　编译后的效果

其中，命令 \labelitemi 由三部分组成，即 label（标签）、item（条目）、i（一级）。如果需要创建多级列表，可以使用命令 \labelitemii（对应二级列表），甚至使用 \labelitemiii（对应三级列表）。

3.6.2　排序列表

排序列表也被称为编号列表。在排序列表中，每个条目之前都有一个标号，它由标志和序号两部分组成。其中，序号自上而下，从 1 开始按升序排列；标志可以是括号或小圆点等符号。相互之间有密切的关联、按过程顺序或重要程度排列的条目都可以采用排序列表环境编写。排序列表环境（enumerate）以序号作为列表的起始标志，每个条目命令 item 将在条目之前自动加上一个标号，生成的默认标号样式为阿拉伯数字加小圆点。

【例 3-27】创建一个简单的排序列表，代码如下所示。

```
\documentclass[12pt]{article}
\begin{document}
\begin{enumerate}
\item Python % 条目 1
\item LaTeX  % 条目 2
\item GitHub % 条目 3
\end{enumerate}
\end{document}
```

编译后的效果如图 3-27 所示。

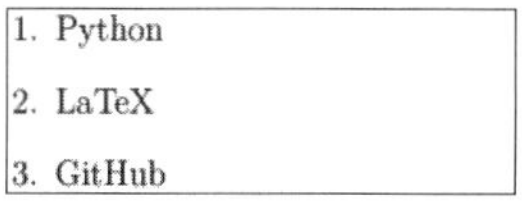

```
1. Python
2. LaTeX
3. GitHub
```

图 3-27　编译后的效果

排序列表同样可以进行嵌套，嵌套最多可以达到 4 层。为了便于区分，不仅每层列表的条目段落都有不同程度的左缩进，而且每层列表中条目的标号也各不相同。其中，序号的计数形式与条目所在的层次有关，标志所用的符号除第 2 层是圆括号外，其他各层都是小圆点。

【例 3-28】创建一个简单的嵌套 4 层的排序列表，代码如下所示。

```
\documentclass[12pt]{article}
\begin{document}
\begin{enumerate}
\item pencil
\item calculator
\item ruler
\item notebook
```

```
\begin{enumerate}
\item notes
    \begin{enumerate}
    \item note A
        \begin{enumerate}
        \item note a
        \end{enumerate}
    \item note B
    \end{enumerate}
\item homework
\item assessments
\end{enumerate}
\end{enumerate}
\end{document}
```

编译后的效果如图 3-28 所示。

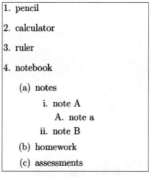

图 3-28　编译后的效果

3.6.3　阐述性列表

相比无序列表和排序列表，阐述性列表的使用频率较低，它常用于对一组专业术语进行解释说明。在阐述性列表环境（description）中，每个词条都是需要分别进行阐述的词语，阐述可以是一个或多个文本段落。这种形式很像词典，因此诸如名词解释说明之类的列表就可以采用阐述性列表环境来编写。

【例 3-29】创建一个简单的阐述性列表，代码如下所示。

```
\documentclass[12pt]{article}
```

```
\begin{document}
\begin{description}
\item [CNN] Convolutional Neural Networks
\item [RNN] Recurrent Neural Network
\item [CRNN] Convolutional Recurrent Neural Network
\end{description}
\end{document}
```

编译后的效果如图 3-29 所示。

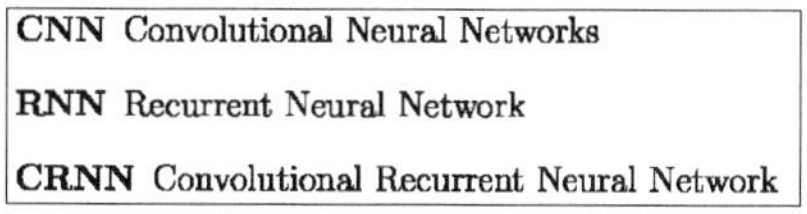

CNN Convolutional Neural Networks
RNN Recurrent Neural Network
CRNN Convolutional Recurrent Neural Network

图 3-29 编译后的效果

3.6.4 自定义列表格式

使用系统默认的 LaTeX 列表环境排版的列表，往往与上下文之间、列表条目之间都附加有一段垂直空白，明显有别于列表环境之外的文本格式。列表中的条目内容通常都很简短，这样会造成很多空白，使列表看起来很稀疏，与前后文本之间的协调性较差。因此，我们需要自定义列表格式。使用 enumitem 宏包可以调整排序列表或无序列表上下左右的缩进间距。

调整上下间距的命令中包含以下关键词：

- topsep，表示调整列表环境与上文之间的距离
- parsep，表示调整条目里面段落之间的距离
- itemsep，表示调整条目之间的距离
- partopsep，表示调整条目与下面段落的距离

调整左右间距的命令中包含以下关键词：

- leftmargin，表示调整列表环境左边的空白长度
- rightmargin，表示调整列表环境右边的空白长度
- labelsep，表示调整标号与列表环境左侧的距离
- itemindent，表示调整条目的缩进距离
- labelwidth，表示调整标号的宽度
- listparindent，表示调整条目下面段落的缩进距离

【例 3-30】使用 enumitem 宏包调整无序列表间距，代码如下所示。

```
\documentclass[12pt]{article}
\usepackage{enumitem}
\begin{document}
Default spacing:
\begin{itemize}
\item Python % 条目1
\item LaTeX  % 条目2
\item GitHub % 条目3
\end{itemize}
Custom Spacing:
\begin{itemize}[itemsep= 15 pt,topsep = 20 pt]
\item Python % 条目1
\item LaTeX  % 条目2
\item GitHub % 条目3
\end{itemize}
\end{document}
```

编译后的效果如图 3-30 所示。

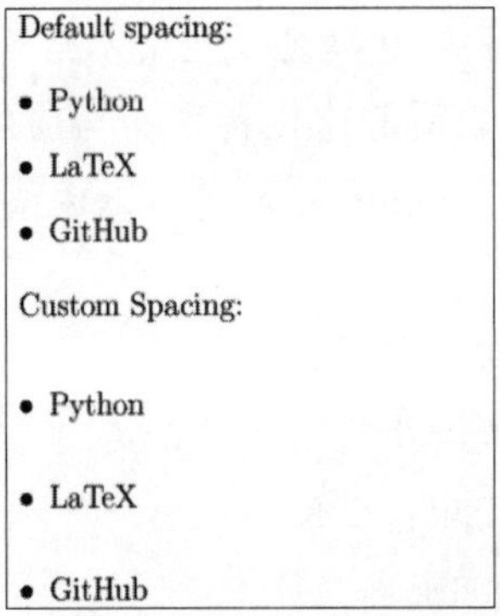

图 3-30　编译后的效果

3.7　设置页眉、页脚及脚注

在大多数文档中，我们往往需要页眉、页脚及脚注来展示文档的附加信息，例如时间、图形、页码、日期、公司徽标、页眉示意图、文档标题、文件名或作者姓名等信息。在 LaTeX 中，我们常用 fancyhdr 宏包进行页眉、页脚的设置。

【例 3-31】使用 fancyhdr 宏包进行页眉、页脚的设置，代码如下所示。

```
\documentclass{article}
\usepackage{fancyhdr}
\pagestyle{fancy}
\lhead{}
\chead{}
\rhead{\bfseries latex-cookbook} % 页眉内容
\lfoot{From: Tom} % 页脚内容
\cfoot{To: Jerry} % 页脚内容
\rfoot{\thepage} % 在页脚处给出页码
\renewcommand{\headrulewidth}{0.4pt}
\renewcommand{\footrulewidth}{0.4pt}
\begin{document}
This is latex-cookbook!
\end{document}
```

编译上述代码后，得到的文档如图 3-31 所示。

图 3-31　编译后的文档

如果某一页不需要页眉和页脚，则可以在该页正文内容开始时使用 \thispagestyle {empty} 命令，去除该页的页眉和页脚。

【例 3-32】使用 \thispagestyle 命令去掉第二页的页眉和页脚，代码如下所示。

```
\documentclass{article}
\usepackage{fancyhdr}
\pagestyle{fancy}
\lhead{}
\chead{}
\rhead{\bfseries latex-cookbook}
\lfoot{From: Tom}
\cfoot{To: Jerry}
\rfoot{\thepage}
\renewcommand{\headrulewidth}{0.4pt}
\renewcommand{\footrulewidth}{0.4pt}
\begin{document}
This is latex-cookbook!
\newpage
\thispagestyle{empty}
This is latex-cookbook!
\end{document}
```

编译上述代码后，得到的文档如图 3-32 所示。

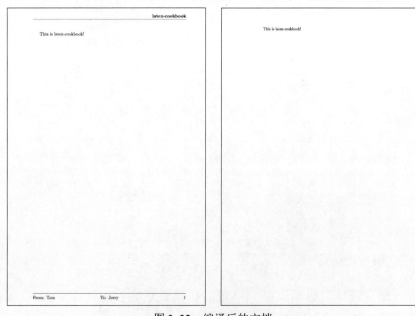

图 3-32　编译后的文档

在 LaTeX 中，我们常用 \footnote{} 命令添加脚注。

【**例** 3-33】使用 \footnote{} 命令添加脚注，代码如下所示。

```
\documentclass{article}
\begin{document}
Tom\footnote{ Tom is a PhD from the University of Montreal.} and Jerry\
footnote{Jerry is a PhD from the Central South University.} are the two
authors of latex-cookbook.
\end{document}
```

编译上述代码后，得到的文档如图 3-33 所示。

图 3-33　编译后的文档

有时需要在表格中添加脚注，但是在 table 环境中，\footnote 命令不起作用，这时我们可以使用 minipage 环境来解决问题。

【**例** 3-34】使用 minipage 环境给表格添加脚注，代码如下所示。

```
\documentclass{article}
\begin{document}
\begin{center}
    \begin{minipage}{.5\textwidth}
    \begin{tabular}{l|l}
```

```
        \textsc{Chapter} & \textsc{Author} \\ \hline
        \textit{Introduction} & Tom\footnote{Tom is a PhD from the
University of Montreal.} \\
        \textit{Methods} & Jerry \footnote{ Jerry is a PhD from the
Central South University.} \\
        \textit{Case Study} & Tom \\
        \textit{Conclusion} & Jerry
        \end{tabular}
    \end{minipage}
    \end{center}
\end{document}
```

编译后的效果如图 3-34 所示。

CHAPTER	AUTHOR
Introduction	Tom[a]
Methods	Jerry [b]
Case Study	Tom
Conclusion	Jerry

[a]Tom Chen is a PhD from the University of Montreal.

[b]Jerry is a PhD from the Central South University.

图 3-34　编译后的效果

第 4 章

公 式 编 辑

在一些文档特别是科技文档写作的过程中，难免涉及复杂数学公式的编辑工作。普通办公软件在数学公式编辑方面存在烦琐低效的问题，这长期困扰着广大科研工作者。为什么这些办公软件在数学公式编辑方面效率低下？主要原因是这些软件的交互式操作在复杂公式的编辑过程中较为困难，例如，需要耗费大量的时间去寻找对应数学符号的位置；而 LaTeX 具有简洁又强大的数学公式编辑功能，可以通过调用特定的宏包、使用一些简单的代码生成优雅美观的数学公式，这也是 LaTeX 深受广大科研工作者喜爱的重要原因之一。

本章将介绍如何在 LaTeX 中编写公式，内容主要分为公式编辑、常用的数学符号、希腊字母、微积分、线性代数、概率论和数理统计六个部分。

4.1 基 本 介 绍

由于 LaTeX 编辑的数学公式非常美观，因此很多理工科研究领域的顶级期刊甚至明确要求投稿论文必须按照给定的 LaTeX 模板进行排版。这样做一方面能保证论文整体排版的美观程度，另一方面也能让生成的数学公式更加规范。一般而言，使用 LaTeX 编辑数学公式的一系列规则与数学公式的编写原则是一致的。例如，在 LaTeX 中，我们可以用 $\frac{\partial f}{\partial x}$ 生成偏导数 $\frac{\partial f}{\partial x}$。

4.1.1　数学公式环境

1. 美元符号

在 LaTeX 中生成数学公式有一些基本规则，插入公式的方式也有很多种，最基本的一种是使用美元符号。这种方式不仅在 LaTeX 中适用，在 Markdown 中也是适用的。插入数学公式的具体方法如下。

- 如果想插入行内公式，可以直接在两个美元符号中间编辑需要的公式。
- 如果想用美元符号插入行间公式，则需要输入四个美元符号，同时在四个美元符号中间编辑需要的公式。需要注意的是，这里生成的数学公式会自动居中对齐。

【例 4-1】用美元符号分别在行内和行间生成一条简单的数学公式，代码如下所示。

```
\documentclass[12pt]{article}
\begin{document}
$x+y=2$ is a simple quadratic equation
$$x+y=2$$
\end{document}
```

编译后的效果如图 4-1 所示。

$$x + y = 2 \text{ is a simple quadratic equation}$$
$$x + y = 2$$

图 4-1　编译后的效果

需要注意的是，LaTeX 源文件中的美元符号一般都默认为声明数学公式环境，如果要在文档中编译出美元符号，则需要在美元符号前加上一个反斜线。这种做法同样适用于百分号，百分号一般被默认为注释功能。

2. equation 环境

尽管美元符号可以在行间插入公式，但却没办法对公式进行编号。要想自动生成带有公式编号的行间公式，需要用到数学公式环境 equation，命令形式为 \begin{equation} \end{equation}。使用 \begin{equation} \end{equation} 编译时，会自动将公式居中对齐。

【例 4-2】在 equation 环境中生成一条带有编号的简单的数学公式，代码如下所示。

```
\documentclass[12pt]{article}
\begin{document}
\begin{equation}
x+y=2
\end{equation}
\end{document}
```

编译后的效果如图 4-2 所示。

$$x + y = 2 \qquad\qquad (1)$$

图 4-2 编译后的效果

在 equation 环境中，如果不需要公式编号，则只需要加上一个星号。例如，使用 \begin{equation*} \end{equation*} 就可以移除公式编号。

【例 4-3】在 equation 环境中加上一个星号来移除公式编号，代码如下所示。

```
\documentclass[12pt]{article}
\begin{document}
\begin{equation*}
x+y=2
\end{equation*}
\end{document}
```

编译后的效果如图 4-3 所示。

$$x + y = 2$$

图 4-3 编译后的效果

更进一步，在 equation 环境中，如果想引用公式，可以使用 \label 和 \eqref 两个命令。

【例 4-4】在 equation 环境中使用 \label 和 \eqref 两个命令引用数学公式，代码如下所示。

```
\documentclass[12pt]{article}
\begin{document}
Equation~\eqref{eq1} shows a simple formula.
\begin{equation}\label{eq1}
x+y=2
\end{equation}
\end{document}
```

编译后的效果如图 4-4 所示。

Equation eq1 shows a simple formula.

$$x + y = 2 \tag{1}$$

图 4-4　编译后的效果

3. align 环境

在 LaTeX 中，除了 equation 环境，还有其他几种数学公式环境可以使用。我们要介绍的第一种是 align 环境，命令形式为 \begin{align} \end{align}。它主要用于数组型的数学表达式，可以将公式自动对齐，也能将每一条数学表达式分别编号。

【例 4-5】使用 \begin{align} \end{align} 编译一个方程组，代码如下所示。

```
\documentclass[12pt]{article}
\usepackage{amsmath}
\begin{document}
% 使用 align 环境
\begin{align}
x+y=2 \\
2x+y=3
\end{align}
\end{document}
```

编译后的效果如图 4-5 所示。

$$x + y = 2 \tag{1}$$
$$2x + y = 3 \tag{2}$$

图 4-5　编译后的效果

在 align 环境中，如果不需要公式编号，那么同样只需要加上一个星号即可。利用这一特性，我们可以使用 \begin{align*} \end{align*} 编译多列公式。

【例 4-6】使用 \begin{align*} \end{align*} 编译多列公式，代码如下所示。

```
\documentclass[12pt]{article}
\usepackage{amsmath}
\begin{document}
\begin{align*}
2x+1&=7 & 3y-2&=-5 & -5z+8&=-2 \\
  2x&=6 &    3y&=-3 &   -5z&=-10 \\
   x&=3 &     y&=-1 &     z&=2
```

```
\end{align*}
\end{document}
```

编译后的效果如图 4-6 所示。

$$
\begin{aligned}
2x+1 &= 7 & 3y-2 &= -5 & -5z+8 &= -2 \\
2x &= 6 & 3y &= -3 & -5z &= -10 \\
x &= 3 & y &= -1 & z &= 2
\end{aligned}
$$

图 4-6 编译后的效果

需要注意的是，如果想将多行公式对齐，并且使其共用同一个公式编号，那么可以在 \begin{equation} \end{equation} 内使用 \begin{aligned} \end{aligned}。这里的 aligned 与 align 功能类似。

【例 4-7】在 \begin{equation} \end{equation} 内使用 \begin{aligned} \end{aligned} 编译多列公式，代码如下所示。

```
\documentclass[12pt]{article}
\usepackage{amsmath}
\begin{document}
\begin{equation}
\begin{aligned}
2x+1&=7 & 3y-2&=-5 & -5z+8&=-2 \\
  2x&=6 &   3y&=-3 &   -5z&=-10 \\
   x&=3 &    y&=-1 &     z&=2
\end{aligned}
\end{equation}
\end{document}
```

编译后的效果如图 4-7 所示。

$$
\begin{aligned}
2x+1 &= 7 & 3y-2 &= -5 & -5z+8 &= -2 \\
2x &= 6 & 3y &= -3 & -5z &= -10 \\
x &= 3 & y &= -1 & z &= 2
\end{aligned} \tag{1}
$$

图 4-7 编译后的效果

当然，我们也能只将 align 环境中的某一些公式编号，而其他公式不编号。

【例 4-8】使用 \begin{align} \end{align} 编译一个方程组，并且只将第二个方程编号，代码如下所示。

```
\documentclass[12pt]{article}
```

```
\usepackage{amsmath}
\begin{document}
\begin{align}
x+y=2 \nonumber \\
2x+y=3
\end{align}
\end{document}
```

编译后的效果如图 4-8 所示。

$$x + y = 2$$
$$2x + y = 3 \tag{1}$$

图 4-8　编译后的效果

4. gather 环境

我们要介绍的第二种数学公式环境是 gather，命令形式为 \begin{gather} \end{gather}。它既可以将公式居中对齐，也能将每一条数学表达式分别编号。同样的，如果要移除公式编号，只需要在公式环境中加上星号即可。

【例 4-9】使用 \begin{gather} \end{gather} 编译一个方程组，代码如下所示。

```
\documentclass[12pt]{article}
\usepackage{amsmath}
\begin{document}
\begin{gather}
x+y=2 \\
2x+y=3
\end{gather}
\end{document}
```

编译后的效果如图 4-9 所示。

$$x + y = 2 \tag{1}$$
$$2x + y = 3 \tag{2}$$

图 4-9　编译后的效果

4.1.2　基本格式调整

1. 字符类型

在文本编辑中，我们已经介绍了几种常见的字符类型，实际上，数学公式也可以设置不同的字符类型。以 X,Y,Z,x,y,z 为例，具体命令和效果如表 4-1 所示。

表 4-1 不同格式的 X,Y,Z,x,y,z

命令	编译效果	备注
\boldsymbol{X,Y,Z,x,y,z}	$\boldsymbol{X,Y,Z,x,y,z}$	使用前需声明 \usepackage{amsmath}
\mathrm{X,Y,Z,x,y,z}	$\mathrm{X, Y, Z, x, y, z}$	
\mathit{X,Y,Z,x,y,z}	$\mathit{X, Y, Z, x, y, z}$	
\mathbf{X,Y,Z,x,y,z}	$\mathbf{X,Y,Z,x,y,z}$	
\mathsf{X,Y,Z,x,y,z}	$\mathsf{X, Y, Z, x, y, z}$	
\mathtt{X,Y,Z,x,y,z}	$\mathtt{X, Y, Z, x, y, z}$	
\boldmath{X,Y,Z,x,y,z}	X, Y, Z, x, y, z	使用前需声明 \usepackage{amssymb}
\mathcal{X,Y,Z}	$\mathcal{X, Y, Z}$	
\mathbb{X,Y,Z}	$\mathbb{X, Y, Z}$	使用前需声明 \usepackage{amssymb, amsfonts}
\mathfrak{X,Y,Z,x,y,z}	$\mathfrak{X, Y, Z, x, y, z}$	使用前需声明 \usepackage{amssymb, amsfonts, eufrak}

【例 4-10】使用 \boldmath 和 \unboldmath 将公式 $x^2+y^2-\sin z=4$ 加粗，代码如下所示。

```
\documentclass[12pt]{article}
\begin{document}
\boldmath
\begin{equation}
x^{2}+y^{2}-\sin z=4
\end{equation}
\unboldmath
\end{document}
```

2. 调整公式大小

如果想调整单个公式的字符大小，那么在美元符号插入的公式中，可以使用 \displaystyle、\textstyle、\scriptstyle 和 \scriptscriptstyle 等声明命令。这些命令一般放在公式前即可。

【例 4-11】使用 \displaystyle、\textstyle、\scriptstyle 和 \scriptscriptstyle 这四种命令分别书写函数：$f(x)=\sum_{i=1}^{n}\dfrac{1}{x_i}$，代码如下所示。

```
\documentclass[12pt]{article}
\begin{document}
$\displaystyle{f(x)=\sum_{i=1}^{n}\frac{1}{x_{i}}}$,
$\textstyle{f(x)=\sum_{i=1}^{n}\frac{1}{x_{i}}}$,
$\scriptstyle{f(x)=\sum_{i=1}^{n}\frac{1}{x_{i}}}$,
$\scriptscriptstyle{f(x)=\sum_{i=1}^{n}\frac{1}{x_{i}}}$.
\end{document}
```

在各类公式环境（如 equation、align、gather）中，可以外用一系列字符大小命令进行调整。例如，用 \begingroup \endgroup 限定字符区域，并用 \small 和 \Large 命令调整公式大小。

【例 4-12】在 \begingroup \endgroup 中使用字符大小命令 \small 和 \Large，调整公式大小，代码如下所示。

```
\documentclass[12pt]{article}
\usepackage{amsmath}
\begin{document}
% Small size
\begingroup
\small
\begin{align}
x+y=2 \\
2x+y=3
\end{align}
\endgroup
% Large size
\begingroup
\Large
\begin{align}
x+y=2 \\
2x+y=3
\end{align}
\endgroup
\end{document}
```

编译后的效果如图 4-10 所示。

$$x + y = 2 \qquad (1)$$
$$2x + y = 3 \qquad (2)$$

$$x + y = 2 \qquad (3)$$
$$2x + y = 3 \qquad (4)$$

图 4-10　编译后的效果

3. 其他格式调整

在 equation、align 等公式环境中，我们也可以通过数组 array 环境将数学公式对齐。

【例 4-13】使用 \begin{array} \end{array} 编译一个方程组，并添加半边花括号，代码如下所示。

```
\documentclass[12pt]{article}
\usepackage{amsmath}
\begin{document}
\begin{equation}
\left\{\begin{array}{l}
x+y=2 \\
2x+y=3
\end{array}\right.
\end{equation}
\begin{align}
\left\{\begin{array}{l}
x+y=2 \\
2x+y=3
\end{array}\right.
\end{align}
\end{document}
```

编译后的效果如图 4-11 所示。

$$\left\{ \begin{array}{l} x + y = 2 \\ 2x + y = 3 \end{array} \right. \qquad (1)$$

$$\left\{ \begin{array}{l} x + y = 2 \\ 2x + y = 3 \end{array} \right. \qquad (2)$$

图 4-11　编译后的效果

其中，对齐的方式有 l（左侧对齐）、c（居中对齐）和 r（右侧对齐）。

【例 4-14】使用 \begin{array} \end{array} 编译公式，并让公式居中对齐，代码如下所示。

```
\documentclass[12pt]{article}
\usepackage{amsmath, mathtools}
\begin{document}
\begin{equation}
\begin{array}{c@{\qquad}c}
A = B + C
\qquad\Rightarrow
& D = E - F, \\ \\
G = H
\qquad\Rightarrow
& K = P + Q + M.
\end{array}
\end{equation}
\end{document}
```

编译后的效果如图 4-12 所示。

$$
\begin{array}{ccc}
A = B + C & \Rightarrow & D = E - F, \\
G = H & \Rightarrow & K = P + Q + M.
\end{array} \tag{1}
$$

图 4-12　编译后的效果

当公式过长时，还有一些宏包提供的环境可以让公式自动跨行。以宏包 breqn 为例，在使用时，用 \begin{dmath} \end{dmath} 即可。

【练习题】

[1] 使用 \displaystyle 命令书写表达式 $\max_{0 \leqslant x \leqslant n-1} \prod_{i=1}^{c} f_i(x)$。

```
\documentclass[12pt]{article}
\begin{document}
${\max_{0\leq x\leq n-1}\prod_{i=1}^{c}f_{i}(x)}$.
\end{document}
```

[2] 在 align 环境中使用 \nonumber 命令只将如下方程组的第二个方程编号。

```
\documentclass[12pt]{article}
\usepackage{amsmath}
\begin{document}
%% 使用 \nonumber 命令去除第一个和第三个方程的编号
\begin{align}
(a+b)^2&=a^2+2ab+b^2 \\
```

```
(a-b)^2&=a^2-2ab+b^2 \\
(a+b)(a-b)&=a^2-b^2
\end{align}
\end{document}
```

[3] 使用 \begin{flalign} \end{flalign} 编译一个方程组。

【背景知识】在 LaTeX 的 amsmath 宏包中，使用 align 环境编译的数学公式会自动居中对齐。实际上，amsmath 宏包还有一种使数学公式自动居左对齐的数学公式环境 flalign。

```
\documentclass[12pt]{article}
\usepackage{amsmath}
\begin{document}
%% 使用 flalign 环境
\begin{}
&x+y=2& \\
&2x+y=3
\end{}
\end{document}
```

[4] 使用 \begin{array} \end{array} 编译如下表达式：

$$f(x)=\begin{cases} x, & x>0, \\ -x, & x<0. \end{cases}$$

```
\documentclass[12pt]{article}
\usepackage{amsmath}
\begin{document}
%% 提示：使用 equation 和 array 环境
\begin{equation}
f(x)=\left\{
\begin{}{c l}
    x, & x>0, \\
    -x, & x<0.
\end{}\right.
\end{equation}
\end{document}
```

[5] 使用 \begin{subequations} ... \end{subequations} 生成子公式，并使其自动编号。

```
\documentclass[12pt]{article}
\usepackage{amsmath}
```

```
\begin{document}
\noindent
Here are two funny equations:
\begin{subequations}
\begin{equation}
\label{eq-a}
a = b
\end{equation}
\begin{equation}
\label{eq-b}
c = d
\end{equation}
\end{subequations}
Equation \eqref{eq-a} is not the same as equation \eqref{eq-b}.
\end{document}
```

4.2 常用数学符号

常用数学符号包括运算符号、标记符号、括号、空心符号及一些特殊函数。

4.2.1 运算符号

在初等数学中，最基本的运算规则是加减乘除。在 LaTeX 中，加法符号和减法符号就是 + 和 −；而乘法符号则有两种，第一种是 \times，对应符号 ×，第二种是 \cdot，对应符号 ·，除法符号的命令为 \div。

【例 4-15】编译 3+5、3−5、3×5、3·5、3÷5 和 3/5，代码如下所示。

```
\documentclass[12pt]{article}
\begin{document}
$$3+5$$          % 加法
$$3-5$$          % 减法
$$3\times 5$$    % 乘法
$$3\cdot 5$$     % 乘法
$$3\div 5$$      % 除法
$$3/5$$          % 除法
```

```
\end{document}
```

在加减的基础上，\pm（由 plus 和 minus 的首字母构成）和 \mp（由 minus 和 plus 的首字母构成）命令分别对应符号 ± 和∓。与加减乘除一样常用的运算符号还有大于号、小于号等。

【例 4-16】编译 x<y、x>y、x ≤ y、x ≥ y、x≪y 和 x≫y，代码如下所示。

```
\documentclass[12pt]{article}
\begin{document}
$$x<y$$          % 小于
$$x>y$$          % 大于
$$x\leq y$$      % 小于或等于
$$x\geq y$$      % 大于或等于
$$x\ll y$$       % 远小于
$$x\gg y$$       % 远大于
\end{document}
```

对于集合而言，还有一些基本的运算符号，如交集 ∩（\cap）、并集 ∪（\cup）、真子集 ⊃（\supset）、子集 ⊂（\subset）、子集 ⊇（\supseteq）、属于 ∈（\in）。除此之外，与"属于"命令 \in 相反的"不属于"命令为 \notin，编译结果为∉。

4.2.2　标记符号

在数学公式的编辑中，还有一些基本的数学符号及表达式也非常重要，如分式、上标、下标等。LaTeX 中用于编译分数和分式的基本命令为 \frac{分子}{分母}，根据场景需要，也可以选用 \dfrac{分子}{分母} 和 \tfrac{分子}{分母}。

【例 4-17】编译分数 $\frac{3}{5}$ 与分式 $\frac{x}{y}$、$\frac{x+3}{y+5}$，代码如下所示。

```
\documentclass[12pt]{article}
\begin{document}
$$\frac{3}{5}$$          % 分数
$$\frac{x}{y}$$          % 分式 1
$$\frac{x+3}{y+5}$$      % 分式 2
\end{document}
```

上标和下标在数学表达式中是非常常见的。

【例 4-18】编译带上标的 x^3、x^5、x^{x+5} 和 x^{x^3+5}，代码如下所示。

```
\documentclass[12pt]{article}
\begin{document}
$$x^{3}$$
$$x^{5}$$
$$x^{x+5}$$
$$x^{x^{3}+5}$$
\end{document}
```

【例 4-19】编译带下标的 x_3、x_5、x_{x+5}、x_{x_3+5} 和 x_1，x_2，$\cdots$，x_n，代码如下所示。

```
\documentclass[12pt]{article}
\begin{document}
$$x_{3}$$
$$x_{5}$$
$$x_{x+5}$$
$$x_{x_{3}+5}$$
$$x_{1},x_{2},\ldots,x_{n}$$
\end{document}
```

与上标和下标对应的还有各种"帽子"符号，即字母上面加符号。

【例 4-20】编译 $\hat{x}$、$\bar{x}$、$\check{x}$、$\vec{x}$ 和 $\dot{x}$，代码如下所示。

```
\documentclass[12pt]{article}
\begin{document}
$$\hat{x}$$
$$\bar{x}$$
$$\tilde{x}$$
$$\vec{x}$$
$$\dot{x}$$
\end{document}
```

与 \bar 作用相同的命令是 \overline，不过 \overline 编译出来的"帽子"会比 \bar 宽一点。例如，\overline{xy} 可以编译出 $\overline{xy}$，而 \bar{xy} 的编译结果则为 $\bar{xy}$。如果要编译出比 \tilde 更宽一点的波浪线"帽子"，那么可以使用 \widetilde。例如，\widetilde{xy} 可以编译出 $\widetilde{xy}$，而 \tilde{xy} 的编译结果则为 $\tilde{xy}$。

根号同样是数学表达式中的常见符号，在 LaTeX 中，根号的命令为 \sqrt{}，使用默认设置，生成的表达式为二次方根，如果要设置为三次方根，则需要调整默认设置，即改为 \sqrt[3]{}，以此类推，可以设置四次方根、五次方根等。

【例 4-21】编译根式 $\sqrt{3}$、$\sqrt[3]{5}$、$\sqrt{x+y}$、$\sqrt{x^3+y^5}$、$\sqrt{1+\sqrt{x}}$，代码如下所示。

```
\documentclass[12pt]{article}
\begin{document}
$$\sqrt{3}$$
$$\sqrt[3]{5}$$
$$\sqrt{x+y}$$
$$\sqrt{x^{3}+y^{5}}$$
$$\sqrt{1+\sqrt{x}}$$
\end{document}
```

【例 4-22】编译分式和根式组合的表达式 $\frac{\sqrt{x+3}}{\sqrt{y+5}}$，代码如下所示。

```
\documentclass[12pt]{article}
\begin{document}
$$\frac{\sqrt{x+3}}{\sqrt{y+5}}$$
\end{document}
```

4.2.3 各类括号

在数学表达式中，括号的用处和种类都非常多，最常见的有小括号、中括号、大括号（即花括号）等。

【例 4-23】编译数学表达式 $x\left(\frac{1}{y}+1\right)$、$x\left[\frac{1}{y}+1\right]$ 和 $x\left\{\frac{1}{y}+1\right\}$，代码如下所示。

```
\documentclass[12pt]{article}
\begin{document}
$$x\left(\frac{1}{y}+1\right)$$
$$x\left[\frac{1}{y}+1\right]$$
$$x\left\{\frac{1}{y}+1\right\}$$
\end{document}
```

如果公式过长，我们也可以在需要分行处插入 \\，从而将括号内的公式切分成多行。

【例 4-24】运用双斜杠 \\，将公式 $\left(a+\frac{b}{2}+\frac{c}{3}++\frac{d}{4}+\frac{e}{5}++\frac{f}{6}++\frac{g}{7}++\frac{h}{8}+\frac{i}{9}+\frac{j}{10}+\frac{k}{11}++\frac{l}{12}+\frac{m}{13}++\frac{n}{14}++\frac{o}{15}+\cdots\right)$ 切分成多行，代码如下所示。

```
\documentclass[12pt]{article}
\usepackage{amsmath}
\begin{document}
\begin{equation}
\begin{aligned}
\Bigl(a+\frac{b}{2}+\frac{c}{3}++\frac{d}{4}+\frac{e}{5}++\frac{f}
{6}++\frac{g}{7}++\frac{h}{8} \\
+\frac{i}{9}+\frac{j}{10}+\frac{k}{11}++\frac{l}{12}+\frac{m}
{13}++\frac{n}{14}++\frac{o}{15}+\cdots\Bigr)
\end{aligned}
\end{equation}
\end{document}
```

在这里，我们可以使用一系列命令代替最常用的 \left 和 \right 组合。例如，\bigl 和 \bigr 组合、\Bigl 和 \Bigr 组合、\biggl 和 \biggr 组合、\Biggl 和 \Biggr 组合，它们可控制括号大小。

【例 4-25】运用 \bigl 和 \bigr 组合、\Bigl 和 \Bigr 组合、\biggl 和 \biggr 组合、\Biggl 和 \Biggr 组合来控制括号大小，代码如下所示。

```
\documentclass[12pt]{article}
\usepackage{amsmath}
\begin{document}
\begin{equation}
\left(x+y=z \right)
\bigl(x+y=z \bigr)
\Bigl(x+y=z \Bigr)
\biggl(x+y=z \biggr)
\Biggl(x+y=z \Biggr)
\end{equation}
\end{document}
```

编译后的效果如图 4-13 所示。

$$(x+y=z)\,(x+y=z)\Bigl(x+y=z\Bigr)\biggl(x+y=z\biggr)\Biggl(x+y=z\Biggr) \qquad (1)$$

图 4-13 编译后的效果

在数学公式中，除了以上常见的括号，也有下例中广义的"括号"。

【例 4-26】编译数学表达式 $x\left|\frac{1}{y}+1\right|$、$x\left\|\frac{1}{y}+1\right\|$、$\left\langle\frac{1}{x},\frac{1}{y}\right\rangle$ 和 $\left<\frac{1}{x},\frac{1}{y}\right>$，代码如下所示。

```
\documentclass[12pt]{article}
\begin{document}
$$x\left|\frac{1}{y}+1\right|$$
$$x\left\|\frac{1}{y}+1\right\|$$
$$\left<\frac{1}{x},\frac{1}{y}\right>$$
$$\langle\frac{1}{x},\frac{1}{y}\rangle$$
\end{document}
```

在这里，使用半边括号，也能书写出导数的表达式。

【例 4-27】编译导数 $\left.\frac{\mathrm{d}y}{\mathrm{d}x}\right|_{x=1}$，代码如下所示。

```
\documentclass[12pt]{article}
\begin{document}
$$\left.\frac{dy}{dx}\right|_{x=1}$$
\end{document}
```

4.2.4 空心符号

在数学表达式中，我们有时候会用一些约定俗成的空心符号来表示集合。这些空心符号包括以下几项。

- 空心 R 符号 $\mathbb{R}$ 表示由所有实数构成的集合。
- 空心 Z 符号 $\mathbb{Z}$ 表示由所有整数构成的集合。
- 空心 N 符号 $\mathbb{N}$ 表示由所有非负整数构成的集合，如果要表示正整数，使用符号 $\mathbb{N}$+ 即可。
- 空心 C 符号 $\mathbb{C}$ 表示由所有复数构成的集合。

需要注意的是，要想让 LaTeX 成功编译出这些空心符号，那么我们需要调用特定的宏包，即 \usepackage{amsfonts}。一般情况下，为了保证公式的编译不出现意外，还会用到其他宏包，如 \usepackage{amsfonts, amssymb, amsmath}。

【例 4-28】编译表达式 $X\in\mathbb{R}^{m\times n}$，代码如下所示。

```
\documentclass[12pt]{article}
\usepackage{amsfonts}
\begin{document}
$$X\in\mathbb{R}^{m\times n}$$
\end{document}
```

【**例 4-29**】使用宏包 bbold 中的 \mathbb 命令书写空心的 1、2、3、4、5，代码如下所示。

```
\documentclass[12pt]{article}
\usepackage{bbold}
\begin{document}
$$\mathbb{1},\mathbb{2},\mathbb{3},\mathbb{4},\mathbb{5}$$
\end{document}
```

编译后的效果如图 4-14 所示。

$$1, 2, 3, 4, 5$$

图 4-14　编译后的效果

当然，除了这些，还有许多其他符号，这里不再一一赘述。

4.2.5　特殊函数

上标表示变量的幂，如 x^2 表示 x 的平方。由此可以用上标书写出指数函数，如 $y=x^2$ 等。与指数函数对应的一类常用函数被称为对数函数，即指数函数的反函数。LaTeX 提供了一些跟对数函数相关的命令，包括 \log、\ln 等。在命令 \log 中，我们可以自行设置底数，而命令 \ln 则表示底数为自然数的对数。

【**例 4-30**】编写对数函数 $y=\log_2 x$ 和 $y=\ln x$，代码如下所示。

```
\documentclass[12pt]{article}
\begin{document}
$$y=\log_{2}x$$
$$y=\ln x$$
\end{document}
```

有时候，为了简化数学表达式，我们可能会采用求和或者连乘的写法。在 LaTeX 中，求和符号对应的命令为 \sum_{ 下标 }^{ 上标 }，连乘符号对应的命令为 \prod_{ 下标 }^{ 上标 }。

【**例 4-31**】编译求和公式 $\sum_{i=1}^{n} x_i$ 和连乘公式 $\prod_{i=1}^{n} x_i$，代码如下所示。

```
\documentclass[12pt]{article}
\begin{document}
$$\sum_{i=1}^{n}x_{i}$$
```

```
$$\prod_{i=1}^{n}x_{i}$$
\end{document}
```

另外，我们在初等数学几何中学过的正弦、余弦等相关公式，都可以用 LaTeX 中定义好的命令直接编译出来。

【例 4-32】编译正弦函数 $y=\sin x$、反正弦函数 $y=\arcsin x$、余弦函数 $y=\cos x$、反余弦函数 $y=\arccos x$、正切函数 $y=\tan x$ 和反正切函数 $y=\arctan x$，代码如下所示。

```
\documentclass[12pt]{article}
\begin{document}
$$y=\sin x$$
$$y=\arcsin x$$
$$y=\cos x$$
$$y=\arccos x$$
$$y=\tan x$$
$$y=\arctan x$$
\end{document}
```

【练习题】

[1] 使用宏包 bbm 中的 \mathbbm 命令编译空心的 1 和 2。

```
\documentclass[12pt]{article}
% 请在此处声明使用 bbm 宏包
\begin{document}
$$\mathbbm{1},\mathbbm{2}$$
\end{document}
```

4.3 希 腊 字 母

我们在初等数学中便已经学习过一些常用的希腊字母，例如最常见的 π（对应 \pi），圆周率 π 约等于 3.14，圆的面积为 πr^2、周长为 $2\pi r$。在几何学中，我们习惯用各种希腊字母表示度数，如 α（对应 \alpha）、β（对应 \beta）、θ（对应 \theta）、ϕ（对应 \phi）、ψ（对应 \psi）、φ（对应 \varphi），使用希腊字母既方便，也容易与 x,y,z 等其他变量区分。

实际上，这些希腊字母也可以用来作为变量，在概率论与数理统计中常常出现的变量就包括以下几项。

- 正态分布中的 μ（命令为 \mu）、σ（命令为 \sigma）。
- 泊松分布中的 λ（命令为 \lambda）。
- 通常表示自由度的希腊字母为 ν（命令为 \nu）。

另外，在不等式中经常用到的希腊字母有 δ（命令为 \delta）和 $\in$（命令为 \epsilon）。除了这些，常用的希腊字母还有 γ（命令为 \gamma）、η（命令为 \eta）、κ（命令为 \kappa）、ρ（命令为 \rho）、τ（命令为 \tau）和 ω（命令为 \omega）。当然，前面提到的这些希腊字母的用途并没有严格限定，很多时候，我们书写数学表达式时可以根据需要选用适当的希腊字母。

【例 4-33】 编译椭圆 $\dfrac{x^2}{a^2}+\dfrac{y^2}{b^2}$ 的面积公式 $S=\pi ab$，代码如下所示。

```
\documentclass[12pt]{article}
\begin{document}
$$S=\pi ab$$ % 椭圆面积公式
\end{document}
```

【例 4-34】 编译不等式 $a^{\alpha}b^{\beta}\cdots k^{\kappa}l^{\lambda}\leqslant a\alpha+b\beta+\cdots+k\kappa+l\lambda$，代码如下所示。

```
\documentclass[12pt]{article}
\begin{document}
$$a^{\alpha}b^{\beta}\cdots k^{\kappa}l^{\lambda}\leq a\alpha+b\beta+\
cdots+k\kappa+l\lambda$$
\end{document}
```

【例 4-35】 编译不等式 $\phi\left(\dfrac{x_1+x_2+\cdots+x_n}{n}\right)\leqslant\dfrac{\phi(x_1)+\phi(x_2)+\cdots+\phi(x_n)}{n}$，代码如下所示。

```
\documentclass[12pt]{article}
\begin{document}
$$\phi\left(\frac{x_{1}+x_{2}+\cdots+x_{n}}{n}\right)\leq\frac{\phi\
left(x_{1}\right)+\phi\left(x_{2}\right)+\cdots+\phi\left(x_{n}\right)}{n}$$
\end{document}
```

与英文字母类似的是，希腊字母不但有小写的，还有大写的。具体如下。

- 命令 \Gamma 对应希腊字母 Γ，命令 \varGamma 对应 $\varGamma$。
- 命令 \Delta 对应希腊字母 Δ，命令 \varDelta 对应 $\varDelta$。
- 命令 \Theta 对应希腊字母 Θ，命令 \varTheta 对应 $\varTheta$。
- 命令 \Lambda 对应希腊字母 Λ，命令 \varLambda 对应 $\varLambda$。
- 命令 \Pi 对应希腊字母 Π，命令 \varPi 对应 $\varPi$。

- 命令 \Sigma 对应希腊字母 Σ，命令 \varSigma 对应 $\varSigma$。
- 命令 \Phi 对应希腊字母 Φ，命令 \varPhi 对应 $\varPhi$。
- 命令 \Omega 对应希腊字母 Ω，命令 \varOmega 对应 $\varOmega$。

由上可见，大写希腊字母的命令是将小写希腊字母自变命令的首字母大写，当使用大写希腊字母作为变量时，通常使用斜体。

【例4-36】编译 $\Delta x + \Delta y$ 和 $(i,j,k) \in \Omega$，代码如下所示。

```
\documentclass[12pt]{article}
\begin{document}
$$\Delta x+\Delta y$$
$$(i,j,k)\in\Omega$$
\end{document}
```

4.4 微 积 分

事实上，数学公式的范畴极为广泛。我们所熟知的大学数学课程，如微积分、线性代数、概率论与数理统计等，它们的数学表达式的符号系统均大不相同。本节主要介绍如何使用 LaTeX 对微积分中的数学表达式进行编辑。

4.4.1 极限

求极限是整个微积分的基石，例如，$\lim_{x \to 2} x^2$ 对应的 LaTeX 代码为 $\lim_{x\to 2} x^{2}$。

【例4-37】编译求极限的表达式 $\lim\limits_{x \to -\infty} \dfrac{3x^2 - 2}{3x - 2x^2} = \lim\limits_{x \to -\infty} \dfrac{x^2\left(3 - \frac{2}{x^2}\right)}{x^2\left(\frac{3}{x} - 2\right)} = \lim\limits_{x \to -\infty} \dfrac{3 - \frac{2}{x^2}}{\frac{3}{x} - 2} = -\dfrac{3}{2}$，命令如下所示。

```
\documentclass[12pt]{article}
\begin{document}
$$\lim_{x\to-\infty}\frac{3x^{2}-2}{3x-2x^{2}}=\lim_{x\to-\infty}\
frac{x^{2}\left(3-\frac{2}{x^{2}}\right)}{x^{2}\left(\frac{3}{x}-2\right)}=\
lim_{x\to-\infty}\frac{3-\frac{2}{x^{2}}}{\frac{3}{x}-2}=-\frac{3}{2}$$
\end{document}
```

【例4-38】编译极限 $\lim\limits_{\Delta t \to 0} \dfrac{s(t + \Delta t) + s(t)}{\Delta t}$ 和 $\lim\limits_{\Delta t \to 0} \dfrac{s(t + \Delta t) + s(t)}{\Delta t}$，代码如下所示。

```
\documentclass[12pt]{article}
\begin{document}
$\lim_{\Delta t\to0}\frac{s(t+\Delta t)+s(t)}{\Delta t}$ \&
$\displaystyle{\lim_{\Delta t\to0}\frac{s(t+\Delta t)+s(t)}{\Delta t}}$
\end{document}
```

4.4.2　导数

在微积分中，给定函数 $f(x)$ 后，我们能够将其导数定义为 $f'(a)=\lim\limits_{x\to a}\frac{f(x)+f(a)}{x-a}$。

用 LaTeX 编译这条公式为 $$f^\prime（a）=\lim_{x\to a}\frac{f（x）-f（a）}{x-a}$$。有时候，为了让分数的形式不显得过大，可以用 $$f^\prime（a）=\lim\limits_{x\to a}\frac{f（x）-f（a）}{x-a}$$。其中，\lim 和 \limits 两个命令需要配合使用。需要注意的是，f^\prime（x）中的 \prime 命令是标准写法，有时候也可以写作 f'（x）。

【例 4-39】使用 f^\prime（x）命令编译导数的定义 $f'(x)=\lim\limits_{\Delta x\to 0}\frac{f(x+\Delta x)-f(x)}{\Delta x}$，代码如下所示。

```
\documentclass[12pt]{article}
\begin{document}
$$f^\prime(x)=\lim_{\Delta x\to 0}\frac{f(x+\Delta x)-f(x)}{\Delta x}$$
\end{document}
```

【例 4-40】编译函数 $f(x)=3x^5+2x^3+1$ 的导数 $f'(x)=15x^4+6x^2$，代码如下所示。

```
\documentclass[12pt]{article}
\begin{document}
$$f^\prime(x)=15x^{4}+6x^{2}$$
\end{document}
```

微分在微积分中举足轻重，\mathrm{d} 为微分符号 d 的命令。一般而言，微分的标准写法为 $\frac{\mathrm{d}^n}{\mathrm{d}x^n}f(x)$。

【例 4-41】编译微分 $\frac{\mathrm{d}}{\mathrm{d}x}f(x)=15x^4+6x^2$、$\frac{\mathrm{d}^2}{\mathrm{d}x^2}f(x)=60x^3+12x$，代码如下所示。

```
\documentclass[12pt]{article}
\begin{document}
$$\frac{\mathrm{d}}{\mathrm{d}x}f(x)=15x^{4}+6x^{2}$$
```

```
$$\frac{\mathrm{d}^{2}}{\mathrm{d}x^{2}}f(x)=60x^{3}+12x$$
\end{document}
```

在微积分中，偏微分符号 ∂ 的命令为 \partial。对于任意函数 $f(x,y)$，偏微分的标准写法为 $\dfrac{\partial^n}{\partial x^n}f(x,y)$ 或 $\dfrac{\partial^n}{\partial y^n}f(x,y)$。

【例 4-42】根据函数 $f(x,y)=3x^5y^2+2x^3y+1$，编译偏微分 $\dfrac{\partial}{\partial x}f(x,y)=15x^4y^2+6x^2y$ 和 $\dfrac{\partial}{\partial y}f(x,y)=6x^5y+2x^3$，代码如下所示。

```
\documentclass[12pt]{article}
\begin{document}
$$\frac{\partial}{\partial x}f(x,y)=15x^{4}y^{2}+6x^{2}y$$
$$\frac{\partial}{\partial y}f(x,y)=6x^{5}y+2x^{3}$$
\end{document}
```

【例 4-43】编译偏导数 $z=\mu\dfrac{\partial y}{\partial x}\bigg|_{x=0}$，代码如下所示。

```
\documentclass[12pt]{article}
\begin{document}
$$z=\mu\,\frac{\partial y}{\partial x}\bigg|_{x=0}$$
\end{document}
```

4.4.3 积分

积分的标准写法为 $\int_a^b f(x)\mathrm{d}x$，代码为 \int_{a}^{b}f（x）\,\mathrm{d}x。其中，\int 表示积分，是英文单词 integral 的缩写形式，使用 \, 的目的是引入一个空格。

【例 4-44】编译积分 $\int\dfrac{\mathrm{d}x}{\sqrt{a^2+x^2}}=\dfrac{1}{a}\arcsin\left(\dfrac{x}{a}\right)+C$ 和 $\int\tan^2 x\mathrm{d}x=\tan x-x+C$，代码如下所示。

```
\documentclass[12pt]{article}
\begin{document}
$$\int\frac{\mathrm{d}x}{\sqrt{a^{2}+x^{2}}}=\frac{1}{a}\arcsin\left(\
frac{x}{a}\right)+C$$
$$\int\tan^{2}x\,\mathrm{d}x=\tan x-x+C$$
\end{document}
```

【例 4-45】编译积分 $\int_a^b[\lambda_1 f_1(x)+\lambda_2 f_2(x)]\mathrm{d}x=\lambda_1\int_a^b f_1(x)\mathrm{d}x+\lambda_2\int_a^b f_2(x)\mathrm{d}x$ 和 $\int_a^b f(x)\mathrm{d}x=\int_a^c f(x)\mathrm{d}x+\int_c^b f(x)\mathrm{d}x$，代码如下所示。

```
\documentclass[12pt]{article}
\begin{document}
$$\int_{a}^{b}\left[\lambda_{1}f_{1}(x)+\lambda_{2}f_{2}(x)\right]\,\
mathrm{d}x=\lambda_{1}\int_{a}^{b}f_{1}(x)\,\mathrm{d}x+\lambda_{2}\int_
{a}^{b}f_{2}(x)\,\mathrm{d}x$$
$$\int_{a}^{b}f(x)\,\mathrm{d}x=\int_{a}^{c}f(x)\,\mathrm{d}x+\int_
{c}^{b}f(x)\,\mathrm{d}x$$
\end{document}
```

【例 4-46】编译下列积分。

$$
\begin{aligned}
V &= 2\pi\int_0^1 x[1-(x-1)^2]\mathrm{d}x \\
&= 2\pi\int_0^2 [-x^3+2x^2]\mathrm{d}x \\
&= 2\pi\left[-\frac{1}{4}x^4+\frac{2}{3}x^3\right]_0^2 \\
&= 8\pi/3
\end{aligned}
$$

代码如下所示。

```
\documentclass[12pt]{article}
\begin{document}
\begin{equation}
\begin{aligned}
V&=2\pi\int_{0}^{1} x\left\{1-(x-1)^{2}\right\}\,\mathrm{d}x \\
&=2\pi\int_{0}^{2}\left\{-x^{3}+2 x^{2}\right\}\,\mathrm{d}x \\
&=2\pi\left[-\frac{1}{4} x^{4}+\frac{2}{3} x^{3}\right]_{0}^{2} \\
&=8\pi/3
\end{aligned}
\end{equation}
\end{document}
```

上述介绍的都是一重积分，在微积分课程中，还有二重积分、三重积分等。对一重积分，LaTeX 提供的基本命令为 \int，二重积分为 \iint，三重积分为 \iiint，四重积分为 \iiiint，当积分为五重或以上时，一般使用 \idotsint，即 $\int\cdots\int$。

【例 4-47】编译积分 $\iint\limits_{D}f(x,y)\mathrm{d}\sigma$ 和 $\iiint\limits_{\Omega}(x^2+y^2+z^2)\mathrm{d}v$，代码如下所示。

```
\documentclass[12pt]{article}
\begin{document}
$$\iint\limits_{D}f(x,y)\,\mathrm{d}\sigma$$
```

```
$$\iiint\limits_{\Omega}\left(x^{2}+y^{2}+z^{2}\right)\,\mathrm{d}v$$
\end{document}
```

在积分中，有一种特殊的积分符号，它是在标准的积分符号上加一个圈，可用来表示计算曲线曲面积分，即 $\oint_C f(x)\mathrm{d}x+g(y)\mathrm{d}y$，代码为 \oint_{C}f（x）\,\mathrm{d}x+g（y）\,\mathrm{d}y。

【练习题】

[1] 编译泰勒展开式 $f(x)=\dfrac{f(x_0)}{0!}+\dfrac{f'(x_0)}{1!}(x-x_0)^2+\cdots+\dfrac{f^{(n)}(x_0)}{n!}(x-x_0)^n+R_n(x)$，代码如下所示。

```
\documentclass[12pt]{article}
\begin{document}
\begin{equation}
\begin{aligned}
% 在此处书写公式
\end{aligned}
\end{equation}
\end{document}
```

4.5　线　性　代　数

本节主要介绍如何使用 LaTeX 编译微积分中的数学表达式。

4.5.1　矩阵

在线性代数和众多代数课程中，矩阵是最基础的代数结构，我们可以将其理解为数表。使用 LaTeX 时，我们可以用 \begin{array} \end{array} 环境来编译矩阵。

【例 4-48】编译矩阵 $\begin{bmatrix} 1 & 2 & 3 \\ 4 & 5 & 6 \end{bmatrix}$ 和 $\left[\begin{array}{c|cc} 1 & 2 & 3 \\ 4 & 5 & 6 \end{array}\right]$，代码如下所示。

代码如下所示。

```
\documentclass[12pt]{article}
\begin{document}

$$\left[\begin{array}{ccc} 1 & 2 & 3 \\ 4 & 5 & 6 \\ \end{array}\right]$$
$$\left[\begin{array}{c|cc} 1 & 2 & 3 \\ \hline 4 & 5 & 6 \\ \end{array}\right]$$
```

```
\end{document}
```

另外，除了 \begin{array} \end{array}，我们还可以用 \begin{matrix} \end{matrix} 等一系列环境来编译矩阵。

【**例 4-49**】针对例 1，使用 \begin{matrix} \end{matrix} 环境，进行如下操作。

● \begin{smallmatrix} \end{smallmatrix}，编译结果如下所示。

$$\begin{smallmatrix} 1 & 2 & 3 \\ 4 & 5 & 6 \end{smallmatrix}$$

● \begin{matrix} \end{matrix}，编译结果如下所示。

$$\begin{matrix} 1 & 2 & 3 \\ 4 & 5 & 6 \end{matrix}$$

● \begin{pmatrix} \end{pmatrix}，编译结果如下所示。

$$\begin{pmatrix} 1 & 2 & 3 \\ 4 & 5 & 6 \end{pmatrix}$$

● \begin{bmatrix} \end{bmatrix}，编译结果如下所示。

$$\begin{bmatrix} 1 & 2 & 3 \\ 4 & 5 & 6 \end{bmatrix}$$

● \begin{Bmatrix} \end{Bmatrix}，编译结果如下所示。

$$\begin{Bmatrix} 1 & 2 & 3 \\ 4 & 5 & 6 \end{Bmatrix}$$

● \begin{vmatrix} \end{vmatrix}，编译结果如下所示。

$$\begin{vmatrix} 1 & 2 & 3 \\ 4 & 5 & 6 \end{vmatrix}$$

● \begin{Vmatrix} \end{Vmatrix}，编译结果如下所示。

$$\begin{Vmatrix} 1 & 2 & 3 \\ 4 & 5 & 6 \end{Vmatrix}$$

代码如下所示。

```
\documentclass[12pt]{article}
\usepackage{mathtools}
\begin{document}
$$\begin{smallmatrix} 1 & 2 & 3 \\ 4 & 5 & 6 \\ \end{smallmatrix}$$
$$\begin{matrix} 1 & 2 & 3 \\ 4 & 5 & 6 \\ \end{matrix}$$
$$\begin{pmatrix} 1 & 2 & 3 \\ 4 & 5 & 6 \\ \end{pmatrix}$$
$$\begin{bmatrix} 1 & 2 & 3 \\ 4 & 5 & 6 \\ \end{bmatrix}$$
$$\begin{Bmatrix} 1 & 2 & 3 \\ 4 & 5 & 6 \\ \end{Bmatrix}$$
$$\begin{vmatrix} 1 & 2 & 3 \\ 4 & 5 & 6 \\ \end{vmatrix}$$
$$\begin{Vmatrix} 1 & 2 & 3 \\ 4 & 5 & 6 \\ \end{Vmatrix}$$
```

```
\end{document}
```

在线性代数中，一般用粗体字母或者符号表示矩阵，如 A、B、C、X、Y、Z 等。

【例 4-50】编译下列矩阵。

$$
A=\begin{bmatrix}
a_{11} & a_{12} & \cdots & a_{1n} \\
a_{21} & a_{22} & \cdots & a_{2n} \\
\vdots & \vdots & \ddots & \vdots \\
a_{m1} & a_{m2} & \cdots & a_{mn}
\end{bmatrix}
$$

代码如下所示。

```
\documentclass[12pt]{article}
\begin{document}
$$\mathbf{A}=\begin{bmatrix}
a_{11} & a_{12} & \cdots & a_{1n} \\
a_{21} & a_{22} & \cdots & a_{2n} \\
\vdots & \vdots & \ddots & \vdots \\
a_{m1} & a_{m2} & \cdots & a_{mn}
\end{bmatrix}$$

\end{document}
```

当然，我们也可以用大写字母直接表示矩阵，用加粗的小写字母表示向量，用小写字母表示标量。需要注意的是，张量作为矩阵的延伸，一般用 χ 或者加粗的 $\boldsymbol{\chi}$ 表示，对应的代码分别为 \mathcal{X} 和 \boldsymbol{\mathcal{X}}。

【例 4-51】编译下列矩阵。

$$
\begin{bmatrix} 1 & 2 \\ 3 & 4 \\ 5 & 6 \end{bmatrix}
\begin{bmatrix} 7 \\ 8 \end{bmatrix}
=\begin{bmatrix} 1\times7+2\times8 \\ 3\times7+4\times8 \\ 5\times7+6\times8 \end{bmatrix}
=7\begin{bmatrix} 1 \\ 3 \\ 5 \end{bmatrix}
+8\begin{bmatrix} 2 \\ 4 \\ 6 \end{bmatrix}
=\begin{bmatrix} 23 \\ 53 \\ 83 \end{bmatrix}
$$

代码如下所示。

```
\documentclass[12pt]{article}
\usepackage{mathtools}
\begin{document}
$$\begin{bmatrix} 1 & 2 \\ 3 & 4 \\ 5 & 6\\ \end{bmatrix}
\begin{bmatrix} 7 \\ 8 \\ \end{bmatrix}
=\begin{bmatrix} 1\times7+2\times8 \\ 3\times7+4\times8 \\
```

```
5\times7+6\times8 \\ \end{bmatrix}
=7\begin{bmatrix} 1 \\ 3 \\ 5 \\ \end{bmatrix}
+8\begin{bmatrix} 2 \\ 4 \\ 6 \\ \end{bmatrix}
=\begin{bmatrix} 23 \\ 53 \\ 83 \\ \end{bmatrix}$$
```

```
\end{document}
```

【例 4-52】 编译下列矩阵。

$$y := y + \left[A_1 \middle| \cdots \middle| A_n \right] \begin{bmatrix} x_1 \\ \vdots \\ x_n \end{bmatrix} = y + \sum_{i=1}^{n} A_i x_i$$

代码如下所示。

```
\documentclass[12pt]{article}
\usepackage{mathtools}
\begin{document}
$$\boldsymbol{y}:=\boldsymbol{y}+
\left[\begin{array}{c|c|c} A_{1} & \cdots & A_{n} \end{array}\right]
\left[\begin{array}{c} \boldsymbol{x}_{1} \\ \vdots \\ \boldsymbol{x}_{n} \\
\end{array}\right]
=\boldsymbol{y}+\sum_{i=1}^{n}A_{i}\boldsymbol{x}_{i}$$
```

```
\end{document}
```

【例 4-53】 编译下列矩阵。

$$\begin{bmatrix} 0 & 0 & 1 \\ 0 & 1 & 0 \\ 1 & 0 & 0 \end{bmatrix} \begin{bmatrix} a & b & c \\ b & d & e \\ c & e & f \end{bmatrix} = \begin{bmatrix} c & e & f \\ b & d & e \\ a & b & c \end{bmatrix}$$

代码如下所示。

```
\documentclass[12pt]{article}
\usepackage{mathtools}
\begin{document}
$$\begin{bmatrix} 0 & 0 & 1 \\ 0 & 1 & 0 \\ 1 & 0 & 0 \\ \end{bmatrix}
\begin{bmatrix} a & b & c \\ b & d & e \\ c& e & f \\ \end{bmatrix}
=\begin{bmatrix} c & e & f \\ b & d & e \\ a & b & c \\ \end{bmatrix}$$
```

```
\end{document}
```

4.5.2 符号

作用于矩阵的符号可分为标记符号和运算符号，就标记符号而言，有以下几种。

● 矩阵的逆，如 A^{-1}，代码为 \mathbf{A}^{-1}。

● 矩阵的伪逆，写作 A^+ 或 $A^{\dagger}$，代码分别为 \mathbf{A}^{+} 和 \mathbf{A}^{\dagger}。

● 矩阵的转置，写作 A^T 或 $A^{\top}$，代码分别为 \mathbf{A}^{T} 和 \mathbf{A}^{\top}。

● 酉矩阵的转置，写作 A^H，代码分别为 \mathbf{A}^{H}。

● 矩阵的秩，写作 $rank(A)$，代码为 \operatorname{rank}\left(\mathbf{A}\right)。

● 矩阵的迹，写作 $Tr(A)$，代码为 \operatorname{Tr}\left(\mathbf{A}\right)。

● 矩阵的行列式，写作 $det(A)$，代码为 \det\left(\mathbf{A}\right)。

【例 4-54】编译下列矩阵运算规则。

$$(AB)^{-1} = B^{-1}A^{-1}$$
$$(A+B)^{\top} = A^{\top}+B^{\top}$$
$$(A+B)^{H} = A^{H}+B^{H}$$
$$\mathrm{Tr}(A+B) = \mathrm{Tr}(A)+\mathrm{Tr}(B)$$
$$\det(AB) = \det(A)\det(B)$$

代码如下所示。

```
\documentclass[12pt]{article}
\usepackage{mathtools}
\begin{document}
$$\left(\mathbf{A}\mathbf{B}\right)^{-1}=\mathbf{B}^{-1}\mathbf{A}^{-1}$$
$$\left(\mathbf{A}+\mathbf{B}\right)^{\top}=\mathbf{A}^{\top}+\mathbf{B}^{\top}$$
$$\left(\mathbf{A}+\mathbf{B}\right)^{H}=\mathbf{A}^{H}+\mathbf{B}^{H}$$
$$\operatorname{Tr}\left(\mathbf{A}+\mathbf{B}\right)=\operatorname{Tr}\left(\mathbf{A}\right)+\operatorname{Tr}\left(\mathbf{B}\right)$$
$$\det\left(\mathbf{A}\mathbf{B}\right)=\det\left(\mathbf{A}\right)\det\left(\mathbf{B}\right)$$
\end{document}
```

【例 4-55】编译下列公式。

$$\frac{\partial}{\partial \mathrm{X}}\, \mathrm{Tr}(AXB)=A^{\mathsf{T}}B^{\mathsf{T}}$$

代码如下所示。

```
\documentclass[12pt]{article}
\usepackage{mathtools}
\begin{document}
$$\frac{\partial}{\partial\mathbf{X}}\operatorname{Tr}\left(\mathbf{A}\
mathbf{X}\mathbf{B}\right)=\mathbf{A}^{\top}\mathbf{B}^{\top}$$
\end{document}
```

【例 4-56】编译下列多元正态分布的概率密度函数。

$$p(x) = \frac{1}{\sqrt{\det(2\pi\Sigma)}}\exp\left[-\frac{1}{2}(x-\mu)^{\mathsf{T}}\Sigma^{-1}(x-\mu)\right]$$

代码如下所示。

```
\documentclass[12pt]{article}
\begin{document}
$$p\left(\mathbf{x}\right)=\frac{1}{\sqrt{\operatorname{det}\left(2\
pi\mathbf{\Sigma}\right)}}\exp\left[-\frac{1}{2}\left(\mathbf{x}-\mathbf{\
mu}\right)^{\top}\mathbf{\Sigma}^{-1}\left(\mathbf{x}-\mathbf{\mu}\right)\
right]$$
\end{document}
```

【例 4-57】编译下列混合高斯分布的概率密度函数。

$$p(x) = \sum_{k=1}^{K}\rho_k\,\frac{1}{\sqrt{\det(2\pi\Sigma_k)}}\,\exp\left[-\frac{1}{2}(x-\mu_k)^{\mathsf{T}}\Sigma_k^{-1}(x-\mu_k)\right]$$

代码如下所示。

```
\documentclass[12pt]{article}
\begin{document}
$$p\left(\mathbf{x}\right)=\sum_{k=1}^{K}\rho_{k}\frac{1}{\sqrt{\
operatorname{det}\left(2\pi\mathbf{\Sigma}_{k}\right)}}\exp\left[-\frac{1}
{2}\left(\mathbf{x}-\mathbf{\mu}_{k}\right)^{\top}\mathbf{\Sigma}_{k}^{-1}\
left(\mathbf{x}-\mathbf{\mu}_{k}\right)\right]$$
\end{document}
```

就运算符号而言，有以下几种。

- Hadamard 积，如 $\mathbf{A} \circ \mathbf{B}$，代码为 \mathbf{A}\circle\mathbf{B}。
- Kronecker 积，如 $\mathbf{A} \otimes \mathbf{B}$，代码为 \mathbf{A}\otimes\mathbf{B}。
- 内积，如 **?A,B?**，代码为 \left<\mathbf{A},\mathbf{B}\right>。

【例 4-58】编译下列 Kronecker 积运算。

$$X \otimes Y = \begin{bmatrix} x_{11}Y & x_{12}Y & \cdots & x_{1n}Y \\ x_{21}Y & x_{22}Y & \cdots & x_{2n}Y \\ \vdots & \vdots & \ddots & \vdots \\ x_{m1}Y & x_{m2}Y & \cdots & x_{mn}Y \end{bmatrix}$$

代码如下所示。

```
\documentclass[12pt]{article}
\begin{document}
\begin{equation}
\mathbf{X}\otimes\mathbf{Y}=\left[\begin{array}{cccc}
x_{11}\mathbf{Y} & x_{12}\mathbf{Y} & \cdots & x_{1n}\mathbf{Y} \\
x_{21}\mathbf{Y} & x_{22}\mathbf{Y} & \cdots & x_{2n}\mathbf{Y} \\
\vdots & \vdots & \ddots & \vdots \\
x_{m1}\mathbf{Y} & x_{m2}\mathbf{Y} & \cdots & x_{mn}\mathbf{Y}
\end{array}\right]
\end{equation}
\end{document}
```

【例 4-59】编译下列李雅普诺夫方程。

$$AX+XB = C$$
$$\Rightarrow \quad \mathrm{vec}(X)=(I \otimes A+B^{\top} \otimes I)^{-1}\mathrm{vec}(C)$$

代码如下所示。

```
\documentclass[12pt]{article}
\begin{document}
\begin{equation}
\begin{aligned}
&\mathbf{A}\mathbf{X}+\mathbf{X}\mathbf{B}=\mathbf{C} \\
\Rightarrow\quad&\operatorname{vec}\left(\mathbf{X}\right)=\left(\
mathbf{I}\otimes\mathbf{A}+\mathbf{B}^{\top}\otimes\mathbf{I}\right)^{-1}\
operatorname{vec}\left(\mathbf{C}\right)
```

```
\end{aligned}
\end{equation}
\end{document}
```

4.5.3　范数

一般而言，代数结构有标量、向量、矩阵、张量这几种。有时候，为了描述数据特征等，这几种代数结构会引入范数这个概念。向量常用的范数包括 ℓ_0 范数、ℓ_1 范数、ℓ_2 范数。具体来说，给定任意向量 $\boldsymbol{X}$，其范数和代码为下列几种。

- ℓ_0 范数为 $\|\boldsymbol{X}\|_0 = \sqrt[0]{\sum_i x_i^0}$，代码为 \left\|\mathbf{x}\right\|_{0}=\sqrt[0]{\sum_{i} x_{i}^{0}}。

- ℓ_1 范数为 $\|\boldsymbol{X}\|_1 = \sum_i x_i$，代码为 \left\|\mathbf{x}\right\|_{1}=\sum_{i}|x_{i}|。

- ℓ_2 范数为 $\|\boldsymbol{X}\|_2 = \sqrt[2]{\sum_i x_i^2}$，代码为 \left\|\mathbf{x}\right\|_{2}=\sqrt{\sum_{i}x_{i}^{2}}。

矩阵常用的范数包括 F 范数、核范数。给定任意矩阵 $\boldsymbol{X}$，F 范数的表达式为 $\|\boldsymbol{X}\|_F$，代码为 \left\|\mathbf{X}\right\|_{F}；核范数的表达式为 $\|\boldsymbol{X}\|_*$，代码为 \left\|\mathbf{X}\right\|_{*}。

【例 4-60】编译下列公式。

$$\frac{1}{2} X^T A^T A x - x^T A^T b = \frac{1}{2}\|Ax-b\|_2^2 - \frac{1}{2}\|b\|_2^2$$

代码如下所示。

```
\documentclass[12pt]{article}
\begin{document}
$$\frac{1}{2}\mathbf{x}^{\top}\mathbf{A}^{\top}\mathbf{A}\mathbf{x}-
\mathbf{x}^{\top}\mathbf{A}^{\top}\mathbf{b}=\frac{1}{2}\left\|\mathbf{A}\
mathbf{x}-\mathbf{b}\right\|_{2}^{2}-\frac{1}{2}\left\|\mathbf{b}\right\|_
{2}^{2}$$
\end{document}
```

【例 4-61】编译下列公式。

$$\left\|\left[\begin{array}{cc|cc} a_{11} & a_{12} & a_{13} & a_{14} \\ a_{21} & a_{22} & a_{23} & a_{24} \\ \hline a_{31} & a_{32} & a_{33} & a_{34} \\ a_{41} & a_{42} & a_{43} & a_{44} \\ \hline a_{51} & a_{52} & a_{53} & a_{54} \\ a_{61} & a_{62} & a_{63} & a_{64} \end{array}\right]-\left[\begin{array}{cc} b_{11} & b_{12} \\ b_{21} & b_{12} \\ b_{31} & b_{32} \end{array}\right]\otimes\left[\begin{array}{cc} c_{11} & c_{12} \\ c_{21} & c_{22} \end{array}\right]\right\|_{F}$$

$$=\left\|\left[\begin{array}{cc|cc} a_{11} & a_{12} & a_{13} & a_{14} \\ a_{21} & a_{22} & a_{23} & a_{24} \\ \hline a_{31} & a_{32} & a_{33} & a_{34} \\ a_{41} & a_{42} & a_{43} & a_{44} \\ \hline a_{51} & a_{52} & a_{53} & a_{54} \\ a_{61} & a_{62} & a_{63} & a_{64} \end{array}\right]-\left[\begin{array}{c} b_{11} \\ b_{21} \\ b_{31} \\ b_{12} \\ b_{22} \\ b_{32} \end{array}\right]\otimes\left[\begin{array}{cccc} c_{11} & c_{21} & c_{12} & c_{22} \end{array}\right]\right\|_{F}$$

代码如下所示。

```
\documentclass[12pt]{article}
\begin{document}
\begin{equation}
\begin{aligned}
&\left\|\left[\begin{array}{cc|cc} a_{11} & a_{12} & a_{13} & a_{14} \\
a_{21} & a_{22} & a_{23} & a_{24} \\ \hline a_{31} & a_{32} & a_{33} & a_{34} \\
a_{41} & a_{42} & a_{43} & a_{44} \\ \hline a_{51} & a_{52} & a_{53} & a_{54}
\\ a_{61} & a_{62} & a_{63} & a_{64} \\ \end{array}\right]-\left[\begin{array}
{cc} b_{11} & b_{12} \\ b_{21} & b_{22} \\ b_{31} & b_{32} \\ \end{array}\
right]\otimes\left[\begin{array}{cc} c_{11} & c_{12} \\ c_{21} & c_{22} \\
\end{array}\right]\right\|_{F} \\
    =&\left\|\left[\begin{array}{cc|cc} a_{11} & a_{12} & a_{13} & a_{14} \\
a_{21} & a_{22} & a_{23} & a_{24} \\ \hline a_{31} & a_{32} & a_{33} & a_{34} \\
a_{41} & a_{42} & a_{43} & a_{44} \\ \hline a_{51} & a_{52} & a_{53} & a_{54}
\\ a_{61} & a_{62} & a_{63} & a_{64} \\ \end{array}\right]-\left[\begin{array}
{c} b_{11} \\ b_{21} \\ b_{31} \\ b_{12} \\ b_{22} \\ b_{32} \\ \end{array}\
right]\otimes\left[\begin{array}{cccc} c_{11} & c_{21} & c_{12} & c_{22} \\
\end{array}\right]\right\|_{F}
\end{aligned}
\end{equation}
\end{document}
```

【练习题】

[1] 编译下列公式。

$$a = \vec{a} = \begin{bmatrix} a_1 \\ \vdots \\ a_n \end{bmatrix}$$

```
\documentclass[12pt]{article}
\usepackage{amsmath}
\begin{document}
%% 提示：公式中的字符加粗使用 \boldsymbol{} 命令，带箭头的向量使用 \vec{} 或者
\overrightarrow{} 命令
\begin{equation}
% 在此处书写公式
\end{equation}
\end{document}
```

[2] 编译下列公式。

$$\nabla f(\boldsymbol{x}) = \begin{pmatrix} \dfrac{\partial f(\boldsymbol{x})}{\partial x_1} \\ \vdots \\ \dfrac{\partial f(\boldsymbol{x})}{\partial x_n} \end{pmatrix}$$

```
\documentclass[12pt]{article}
\usepackage{amssymb, amsfonts}
\begin{document}
%% 提示：梯度对应的命令为 \nabla
\begin{equation}
% 在此处书写公式
\end{equation}
\end{document}
```

4.6　概率论与数理统计

概率论与数理统计是开展多种科学研究的基础。不管是描述客观存在的数据，还是刻画变量之间的关联规则，凭借概率论知识都能得心应手。概率论的数学公式也有其自身的特点，本节主要介绍概率论与数理统计范畴内常用的数学公式的编辑方法。

4.6.1 概率论基础

概率论中有一个重要的准则叫作贝叶斯准则。贝叶斯准则的基础为贝叶斯公式，它被用来描述两个条件概率之间的关系。

【例 4-62】编译下列贝叶斯公式。

$$p(\theta \mid y) = \frac{p(\theta, y)}{p(y)} = \frac{p(\theta)p(y|\theta)}{p(y)}$$
$$p(\theta \mid y) \propto p(\theta)p(y \mid \theta)$$

代码如下所示。

```
\documentclass[12pt]{article}
\begin{document}
$$p\left(\theta\mid y\right)=\frac{p\left(\theta,y\right)}{p\left(y\right)}=\frac{p\left(\theta\right)p\left(y\mid\theta\right)}{p\left(y\right)}$$
$$p\left(\theta\mid y\right)\propto p\left(\theta\right)p\left(y\mid\theta\right)$$
\end{document}
```

根据贝叶斯公式的思想，许多机器学习模型的参数可以用贝叶斯算法来求解。

【例 4-63】编译下列公式。

$$p(y) = \int p(y,\theta)\mathrm{d}\theta = \int p(\theta)p(y \mid \theta)\mathrm{d}\theta$$

代码如下所示。

```
\documentclass[12pt]{article}
\begin{document}
$$p\left(y\right)=\int p\left(y,\theta\right)\,d\theta=\int p\left(\theta\right)p\left(y\mid\theta\right)\,d\theta$$

\end{document}
```

【例 4-64】编译下列公式。

$$期望 \mathbb{E}(x) = \int xp(x)\mathrm{d}(x) \ 与方差 \mathbb{V}(x) = \int (x - \mathbb{E}(x))^2 p(x)\mathrm{d}x$$

代码如下所示。

```
\documentclass[12pt]{article}
\begin{document}
```

```
$$\mathbb{E}\left(x\right)=\int xp\left(x\right)dx$$
$$\mathbb{V}\left(x\right)=\int\left(x-\mathbb{E}\left(x\right)\right)^{2}p\left(x\right)dx$$
\end{document}
```

4.6.2　概率分布

概率分布是指用于表述随机变量取值的概率规律，它是概率论中最常见的表达式之一。

【例 4-65】编译下列正态分布。

$$x\sim\mathcal{N}\left(\mu,\sigma^{2}\right) \ 及 \ p(x)=\frac{1}{\sqrt{2\pi}\sigma}\exp\left(-\frac{1}{2\sigma^{2}}\left(x-\mu\right)^{2}\right)$$

代码如下所示。

```
\documentclass[12pt]{article}
\begin{document}
$$x\sim\mathcal{N}\left(\mu,\sigma^{2}\right)$$
$$p\left(x\right)=\frac{1}{\sqrt2\pi}\sigma}\exp\left(-\frac{1}{2\sigma^{2}}\left(x-\mu\right)^{2}\right)$$
\end{document}
```

【例 4-66】编译下列公式。

$$p(y)=\frac{\operatorname{Poisson}(y\mid\theta)\operatorname{Gamma}(\theta\mid\alpha,\beta)}{\operatorname{Gamma}(\theta\mid\alpha+y,1+\beta)}=\frac{\Gamma(\alpha+y)\beta^{\alpha}}{\Gamma(\alpha)y!(1+\beta)^{\alpha+y}}$$

代码如下所示。

```
\documentclass[12pt]{article}
\begin{document}
\begin{equation}
p(y)=\frac{\operatorname{Poisson}(y\mid\theta)\operatorname{Gamma}
(\theta\mid\alpha,\beta)}{\operatorname{Gamma}(\theta\mid\alpha+y,1+\
beta)}=\frac{\Gamma(\alpha+y)\beta^{\alpha}}{\Gamma(\alpha)y!(1+\beta)^{\
alpha+y}}
\end{equation}
\end{document}
```

【例 4-67】编译下列公式。

$$\theta\mid y\sim\operatorname{Gamma}\left(\alpha+\sum_{i=1}^{n}y_i,\beta+\sum_{i=1}^{n}x_i\right)$$

代码如下所示。

```
\documentclass[12pt]{article}
\begin{document}
$$\theta\mid y\sim\operatorname{Gamma}\left(\alpha+\sum_{i=1}^{n}y_{i},\
beta+\sum_{i=1}^{n}x_{i}\right)$$
\end{document}
```

【例 4-68】编译下列公式。

$$\sigma^2 \mid y \sim \operatorname{Inv}-\chi^2(n, s^2)$$

代码如下所示。

```
\documentclass[12pt]{article}
\begin{document}
$$\sigma^{2}\mid y\sim\operatorname{Inv}-\Chi^{2}\left(n,s^{2}\right)$$
\end{document}
```

【例 4-69】编译下列公式。

$$p(\beta \mid \mu_1, \mu_2, \tau_1, \tau_2, \rho) = \prod_{j=1}^{J} \mathcal{N} \left(\begin{pmatrix} \beta_{1j} \\ \beta_{2j} \end{pmatrix} \middle| \begin{pmatrix} \mu_1 \\ \mu_2 \end{pmatrix}, \begin{pmatrix} \tau_1^2 & \rho\tau_1\tau_2 \\ \rho\tau_1\tau_2 & \tau_2^2 \end{pmatrix} \right)$$

代码如下所示。

```
\documentclass[12pt]{article}
\begin{document}

$$p\left(\beta\mid\mu_{1},\mu_{2},\tau_{1},\tau_{2},\rho\right)
=\prod_{j=1}^{J}\mathcal{N}\left(\begin{pmatrix}\beta_{1j} \\ \beta_{2j}
\end{pmatrix}
\bigg|\begin{pmatrix} \mu_{1} \\ \mu_{2} \end{pmatrix},
\begin{pmatrix} \tau_{1}^{2} & \rho\tau_{1}\tau_{2} \\
\rho\tau_{1}\tau_{2} & \tau_{2}^{2} \end{pmatrix}\right)$$

\end{document}
```

【例 4-70】编译下列公式。

$$y_{ij} \sim \mathcal{N} \left(a_j + x_{ij}\beta_j, \sigma_y^2 \right)$$
$$\begin{pmatrix} \alpha \\ \beta \end{pmatrix} \sim \mathcal{N} \left(\begin{pmatrix} \mu_\alpha \\ \mu_\beta \end{pmatrix}, \begin{pmatrix} \sigma_\alpha^2 & \rho\sigma_\alpha\sigma_\beta \\ \rho\sigma_\alpha\sigma_\beta & \sigma_\beta^2 \end{pmatrix} \right)$$

代码如下所示。

```
\documentclass[12pt]{article}
\begin{document}
\begin{equation}
\begin{aligned}
y_{ij}&\sim\mathcal{N}\left(\alpha_{j}+x_{ij}\beta_{j},\sigma_{y}^{2}\right) \\
    \begin{pmatrix}\alpha \\ \beta \end{pmatrix}&\sim\mathcal{N}\left(\begin{pmatrix} \mu_{\alpha} \\ \mu_{\beta} \end{pmatrix},\begin{pmatrix}
\sigma_{\alpha}^{2} & \rho\sigma_{\alpha}\sigma_{\beta} \\ \rho\sigma_{\alpha}\sigma_{\beta} & \sigma_{\beta}^{2} \end{pmatrix}\right)
\end{aligned}
\end{equation}
\end{document}
```

【练习题】

[1] 编译下列公式。

$$p(\alpha, \beta \,|\, y) \propto p(\alpha, \beta) \prod_{j=1}^{J} \frac{\Gamma(\alpha+\beta)}{\Gamma(\alpha)\Gamma(\beta)} \, \frac{\Gamma(\alpha+y_j)\Gamma(\beta+n_j-y_j)}{\Gamma(\alpha+\beta+n_j)}$$

```
\documentclass[12pt]{article}
\begin{document}
%% 提示：Gamma 函数对应的命令为 \Gamma
\begin{equation}
% 在此处书写公式
\end{equation}
\end{document}
```

[2] 编译下列公式。

$$\Pr(y_{ji}{=}1){=}\operatorname{logit}^{-1}(\beta_0+\beta_1 x_{j1}+\beta_2 x_{j2}+\beta_3(1{-}x_{j2})t+\beta_4 x_{j2}t+\alpha_j)$$

```
\documentclass[12pt]{article}
\begin{document}
%% 提示：logit 函数对应的命令为 \operatorname{logit}
\begin{equation}
% 在此处书写公式
\end{equation}
\end{document}
```

[3] 编译下列公式。

$$p_i = \Pr(y_i^{\text{rep}} < y_i|y) + \frac{1}{2}\Pr(y_i^{\text{rep}} = y_i|y)$$

```
\documentclass[12pt]{article}
\begin{document}
\begin{equation}
% 在此处书写公式
\end{equation}
\end{document}
```

[4] 编译下列公式。

$$p(\theta|x, y_{\text{obs}}, I) = p(\theta|x)\iint p(\phi|x, \theta)p(y|x, \theta)p(I|x, y, \phi)\mathrm{d}y_{\text{mis}}\mathrm{d}\phi$$

```
\documentclass[12pt]{article}
\begin{document}
\begin{equation}
% 在此处书写公式
\end{equation}
\end{document}
```

[5] 编译下列公式。

$$\log p(\theta|y) = -\frac{1}{2}\sum_{j=1}^{J}\frac{(y_j - \alpha_j)^2}{\sigma_j^2} - 8\log\tau - \frac{1}{2\tau^2}\sum_{j=1}^{J}(\alpha_j - \mu)^2 + \text{const}$$

```
\documentclass[12pt]{article}
\begin{document}
%% 提示：log 函数对应的命令为 \log
\begin{equation}
% 在此处书写公式
\end{equation}
\end{document}
```

第 5 章

表 格 制 作

　　表格是实验数据、统计结果或事物分类的一种有效表达形式，是论文中经常使用的一种特殊信息语言，也是文字语言的补充和延伸。表格具有表现力强、易于理解、便于分析等优点。在撰写科技论文的过程中，正确使用统计表格，有助于我们对获取到的资料数据进行归纳、整理、统计学处理及比较分析，探寻数据的内在规律和关联性，从而得出正确结论。

　　本章将介绍如何使用 LaTeX 制作高质量的表格，内容主要包括表格制作基础、调整表格内容、调整表格样式及导入现成的表格四部分。

5.1　表格制作基础

　　表格是展现数据的一种准确的方式，LaTeX 提供了很多表格环境，可用于制作各类表格，例如，tabular、tabular*、tabularx、tabulary 和 longtable 等。其中，比较常用的方法是将 tabular 环境嵌入到 table 环境中，这样可以创建包含表格内容、表格标题、引用标签等属性的完整表格。

5.1.1 tabular 环境：创建表格内容

通过创建 tabular 环境可以定义表格内容、对齐方式、外观样式等，使用方式与前面章节中介绍的使用 array 环境制作数表（即矩阵）的方式类似，如下所示。

$$\left[\begin{array}{c|c|c} a & b & c \\ \hline d & e & f \\ \hline g & h & i \end{array}\right]$$

上列矩阵的创建代码为 \left[\begin{array}{c|c|c} a & b & c \\ \hline d & e & f \\ \hline g & h & i \\ \end{array}\right]。实际上，使用 tabular 制作表格和使用 array 制作数表非常像，我们不妨将这个例子中的 array 直接换成 tabular，代码如下所示。

```
\documentclass[12pt]{article}
\begin{document}
\begin{tabular}{c|c|c} a & b & c \\\hline d & e & f \\ \hline g & h & i \\
\end{tabular}
\end{document}
```

编译上述代码，可以得到类似的结果，如下所示。

$$\begin{array}{c|c|c} a & b & c \\ \hline d & e & f \\ \hline g & h & i \end{array}$$

这里制作出来的表格跟 array 环境制作的略有不同。不同之处在于，array 环境制作的数表是数学公式，而 tabular 环境制作得到的表格则是文本内容。在 tabular 环境下，制作表格的步骤如下。

- 在 \begin{tabular} 命令后的 {} 内设置表格的列类型参数，内容包括以下两个方面。
  - 设置每列的单元格对齐方式。对齐方式选项包括 l、c 和 r，即 left、center 和 right 的首字母，分别对应左对齐、居中对齐和右对齐，每个字母对应一列。
  - 创建表格列分隔线。表格列分隔线以 | 符号表示，| 符号的个数表示列分隔线中线的个数，如 | 表示使用单线分隔列，|| 表示使用双线分隔列，以此类推。分隔线符号可以设置在列对齐方式选项的左侧或右侧，分别表示创建列的左分隔线和右分隔线。

- 使用 \\ 符号表示一行内容的结束。

- 使用 & 符号划分行内的单元格。

- 使用 \hline 命令创建行分隔线。

在 tabular 环境中，行分隔线也可以通过 \usepackage{booktabs} 命令来调用 booktabs 宏包，并分别使用 \toprule、\midrule 和 \bottomrule 命令来添加不同粗细的横线。其中，在调用 booktabs 的情况下，可以通过 \cmidrule[thickness]{a-b} 命令来实现自定义横线，[thickness] 控制横线的粗细，{a-b} 指定横线需要横跨的列序号。具体内容可以点击网址 http://texdoc.net/pkg/booktabs 查询。

下面给出一个示例，以让读者对 tabular 环境的使用方式有更深刻的印象。

【例 5-1】 使用 tabular 环境制作一个简单的表格，并使用 \begin{tabular}{|l|c|c|c|} 命令调整对齐方式，代码如下所示。

```
\documentclass[12pt]{article}
\begin{document}
\begin{center}
    \begin{tabular}{|l|c|c|c|}
      \hline
      Column1 & Column2 & Column3 & Column4\\
      \hline
      A1 & A2 & A3 & A4\\
      \hline
      B1 & B2 & B3 & B4\\
      \hline
      C1 & C2 & C3 & C4\\
      \hline
    \end{tabular}
\end{center}
\end{document}
```

编译上述代码，得到的表格如图 5-1 所示。

Column1	Column2	Column3	Column4
A1	A2	A3	A4
B1	B2	B3	B4
C1	C2	C3	C4

图 5-1　编译后的表格

5.1.2　table 环境：自动编号与浮动表格

使用 table 环境嵌套 tabular 环境，能够为创建的表格进行自动递增编号。此外，可以使用 \caption{} 命令设置表格标题、使用 \label{} 命令为表格建立索引标签、使用 \centering 命令将表格置于文档中间，代码如下所示。

```
\begin{table}
\centering
    \caption{Title of a table.}
    \label{Label of the table}
    \begin{tabular}
    % 表格内容
    \end{tabular}
\end{table}
```

下例中将例 5-1 创建的表格嵌入到 table 环境中，创建了一个位置居中并且有标题、索引、自动编号的表格。

【例 5-2】使用 table 和 tabular 环境制作一个简单的表格，代码如下所示。

```
\documentclass[12pt]{article}
\begin{document}
Table~\ref{table1} shows the example of ABC.
\begin{table}
    \centering
    \caption{Example of ABC}
    \begin{tabular}{|c|c|c|c|}
    \hline
    Column1 & Column2 & Column3 & Column4\\
    \hline
    A1 & A2 & A3 & A4\\
    \hline
    B1 & B2 & B3 & B4\\
    \hline
    C1 & C2 & C3 & C4\\
    \hline
    \end{tabular}
\label{table1}% 索引标签
\end{table}
```

```
\end{document}
```

编译上述代码，得到的表格如图 5-2 所示。

Table 1: Example of ABC

Column1	Column2	Column3	Column4
A1	A2	A3	A4
B1	B2	B3	B4
C1	C2	C3	C4

图 5-2　编译后的表格

事实上，在 \begin{table} \end{table} 环境中创建的表格属于浮动元素。浮动元素是指不能跨页分割的元素，比如，图片和表格。一般而言，浮动元素的显示位置未必是代码的位置。比如，当页面空间不足时，LaTeX 会根据内置的算法尝试将浮动元素放置到后面的页面中，避免出现内容跨页分割或者页面大量留白的情况，从而创建更协调也更专业的文档。

通过在 \begin{table}[] 命令的 [] 中设置位置控制参数，可以为浮动表格指定期望放置位置。各参数值及其含义如下。

● h：英文单词 here 的首写字母，表示代码当前位置。

● t：英文单词 top 的首写字母，表示页面顶部位置。

● b：英文单词 bottom 的首写字母，表示页面底部位置。

● p：英文单词 page 的首写字母，表示后面的页面。

● !：! 参数一般与其他位置参数配合使用，表示当空间足够时，强制将表格放在指定位置。如 !h 表示将表格强制放到当前页面，但当页面空间不足时，表格也可能被放置到后续页面中。

● H：表示将表格强制放在代码当前位置，它比 !h 更严格，使用时需要先在导言区使用声明语句 \usepackage{float}，以调用 float 宏包。

根据需要，浮动元素的位置控制参数一般可以设置为 h、b、t、p、! 和 H 的任意无序组合。该参数的缺省值为 tbp，此时 LaTeX 会尝试将表格放在页面的顶端或者底端，否则会将表格放在下一页。

【例 5-3】在 table 环境中将表格的位置控制参数设置为 htbp，代码如下所示。

```
\documentclass[12pt]{article}
\begin{document}

Table~\ref{table1} shows the Example of ABC.
\begin{table}[htbp] % 位置参数
    \centering
```

```
    \caption{Example of ABC..}
    \begin{tabular}{|c|c|c|c|}
        \hline
        Column1 & Column2 & Column3 & Column4\\
        \hline
        A1 & A2 & A3 & A4\\
        \hline
        B1 & B2 & B3 & B4\\
        \hline
        C1 & C2 & C3 & C4\\
        \hline
    \end{tabular}
\label{table1}
\end{table}
\end{document}
```

编译上述代码，得到的表格如图 5-3 所示。

Table 1: Example of ABC

Column1	Column2	Column3	Column4
A1	A2	A3	A4
B1	B2	B3	B4
C1	C2	C3	C4

图 5-3　编译后的表格

5.2　调整表格内容

在初步建立表格以后，我们需要对表格内容进行调整，调整内容主要包括表格字体大小、表格表注、插入斜线、文本对齐、数字位数对齐等。

5.2.1　调整字体大小

在文本编辑中我们知道，对字体大小的调整有全局的，也有局部的。全局调整是指在文档类型中指定字体大小，如 12pt。而局部调整则是通过一系列命令，如 \large、Large、huge、\fontsize 等来完成。使用 LaTeX 新建表格时，我们也可以调整表格内字体的大小。

【例 5-4】使用 \Large 命令调整表格内字体的大小，代码如下所示。

```
\documentclass[12pt]{article}
\usepackage{booktabs}
\begin{document}
% 正常字体大小
\begin{table}
    \centering
\begin{tabular}{|c|c|c|c|}
        \hline
        Column1 & Column2 & Column3 & Column4\\
        \hline
        A1 & A2 & A3 & A4\\
        \hline
        B1 & B2 & B3 & B4\\
        \hline
        C1 & C2 & C3 & C4\\
        \hline
    \end{tabular}
\end{table}
% Large 字体大小
\begin{table}
    \Large
    \centering
\begin{tabular}{|c|c|c|c|}
        \hline
        Column1 & Column2 & Column3 & Column4\\
        \hline
        A1 & A2 & A3 & A4\\
        \hline
        B1 & B2 & B3 & B4\\
        \hline
        C1 & C2 & C3 & C4\\
        \hline
    \end{tabular}
\end{table}
\end{document}
```

编译上述代码，得到的表格如图 5-4 所示。

Column1	Column2	Column3	Column4
A1	A2	A3	A4
B1	B2	B3	B4
C1	C2	C3	C4

Column1	Column2	Column3	Column4
A1	A2	A3	A4
B1	B2	B3	B4
C1	C2	C3	C4

1

图 5-4　编译后的表格

【例 5-5】使用 \fontsize 命令通过具体设置来调整表格内字体的大小，代码如下所示。

```
\documentclass[12pt]{article}
\usepackage{booktabs}
\begin{document}
\begin{table}
    \fontsize{0.5cm}{0.8cm}\selectfont
    \centering
    \begin{tabular}{|c|c|c|c|}
        \hline
        Column1 & Column2 & Column3 & Column4\\
        \hline
        A1 & A2 & A3 & A4\\
        \hline
        B1 & B2 & B3 & B4\\
        \hline
        C1 & C2 & C3 & C4\\
        \hline
    \end{tabular}
 \end{table}

\begin{table}
    \fontsize{0.5cm}{0.8cm}\selectfont
    \centering
\begin{tabular}{|c|c|c|c|}
        \hline
        Column1 & Column2 & Column3 & Column4\\
        \hline
        A1 & A2 & A3 & A4\\
```

```
            \hline
            B1 & B2 & B3 & B4\\
            \hline
            C1 & C2 & C3 & C4\\
            \hline
        \end{tabular}
    \end{table}
\end{document}
```

编译上述代码，得到的表格如图 5-5 所示。

Column1	Column2	Column3	Column4
A1	A2	A3	A4
B1	B2	B3	B4
C1	C2	C3	C4

Column1	Column2	Column3	Column4
A1	A2	A3	A4
B1	B2	B3	B4
C1	C2	C3	C4

1

图 5-5　编译后的表格

5.2.2　插入表格注释

　　表格中的文本应当尽可能地简洁明了。在简明的基础上，我们可以采用注释的方式，以添加必要的细节，从而对文本内容进行补充。在以表格为载体的内容中，为了保持表格内容的完整性和独立性，我们通常不采用脚注的形式，而是将注释添加在表格底部（即表注）。

　　在 LaTeX 中添加表注的方式有多种，其中比较常用的是使用 threeparttable 宏包及相关命令。这样做可以在表格底部生成与表格内容同宽的表注，并且注释可以在内容过长时实现自动换行。

　　具体来说，这种做法其实是在 tabular 环境外嵌套一层 threeparttable 环境，并在 tabular 环境之后将表注内容添加在 tablenotes 环境中，由此得到的表注将会显示在表格底部。如果需要使表格内容与表注建立关联关系，那么我们可以在表格内容的相应位置使用 \tnote{索引标记} 命令添加表注的索引标记，并且在 tablenotes 环境中使用 item[索引标记] 命令创建这项表注。

　　【例 5-6】使用 threeparttable 宏包添加表注，代码如下所示。

```
\documentclass[12pt]{article}
\usepackage{booktabs}
\usepackage{threeparttable}
\begin{document}
\begin{table}
    \centering
    \begin{threeparttable}
    \begin{tabular}{|c|c|c|c|}
        \hline
        Column1\tnote{*} & Column2 & Column3 & Column4\\
        \hline
        A1^{2} & A2 & A3 & A4\\
        \hline
        B1^{3} & B2 & B3 & B4\\
        \hline
        C1 & C2 & C3 & C4\\
        \hline
    \end{tabular}
        \begin{tablenotes}
            \footnotesize
            \item[1] This is a remark example.
            \item[2] This is another remark example and with a very long
content, but the contents will be wrapped.
            \item[*] This is 1.
        \end{tablenotes}
    \end{threeparttable}
\end{table}
\end{document}
```

编译上述代码，得到的表格如图 5-6 所示。

Column1*	Column2	Column3	Column4
A1^2	A2	A3	A4
B1^3	B2	B3	B4
C1	C2	C3	C4

[1] This is a remark example.
[2] This is another remark example and with a very long content, but the contents will be wrapped.
* This is 1.

图 5-6　编译后的表格

5.2.3 插入各类斜线

当需要在第一个单元格内声明表格行列所表示的内容分别是什么时，我们要用到斜线。在 LaTeX 中，我们可以调用 diagbox 宏包及其提供的 \diagbox[参数]{ 单元格内容 1}…{ 单元格内容 n} 命令，将一个单元格划分为 n 个部分（即插入（n-1）条斜线），并且可以在 [] 中设置不同参数，从而对斜线宽度、高度、方向等属性进行调整。不同的参数及其对应的调整内容主要包括以下几项。

- width：设置斜线宽度。
- height：设置斜线高度。
- font：设置单元格字体大小和字体类型。
- linewidth：设置线宽。
- linecolor：设置线的颜色（需结合 xcolor 或其他宏包使用）。
- dir：设置斜线方向，包括 NW（默认）、NE、SW 和 SE，分别表示西北方向、东北方向、西南方向、东南方向。当仅插入一个斜线时，dir=NW 与 dir=SE、dir=NE 与 dir=SW 效果相同，分别表示插入反斜线和斜线。

【例 5-7】使用 \usepackage{diagbox} 宏包中的 \diagbox 命令在表格中插入斜线，代码如下所示。

```
\documentclass[12pt]{article}
\usepackage{booktabs}
\usepackage{diagbox}
\begin{document}
Table~\ref{table1} shows the Example of ABC.
\begin{table}[h]
    \centering
\caption{Example of ABC}
    \begin{tabular}{|c|c|c|c|}
        \hline
        \diagbox[width=5em]{$A$}{$B$} & Column2 & Column3 & Column4\\
        \hline
        A1^{2} & A2 & A3 & A4\\
        \hline
        B1^{3} & B2 & B3 & B4\\
        \hline
        C1 & C2 & C3 & C4\\
```

```
        \hline
        \end{tabular}
    \label{table1}
\end{table}
\end{document}
```

编译上述代码，得到的表格如图 5-7 所示。

Table 1 shows the the Example of ABC.

Table 1: Example of ABC

A　B	Column2	Column3	Column4
A1	A2	A3	A4
B1	B2	B3	B4
C1	C2	C3	C4

图 5-7　编译后的表格

当需要在第一个单元格插入两条斜线来声明表格内容时，同样可以使用 \usepackage{diagbox} 宏包来插入。当插入两条斜线时，\diagbox[设置 dir 参数]{A}{B}{C}，使用 NW、NE、SW 和 SE 的效果分别如图 5-8 所示。

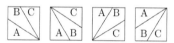

图 5-8　\diagbox 命令中将方向参数设置为 NW、NE、SW 和 SE 的效果示意图

【例 5-8】使用 \usepackage{diagbox} 宏包中的 \diagbox 命令在表格中插入斜线，代码如下所示。

```
\documentclass[12pt]{article}
\usepackage{booktabs}
\usepackage{diagbox}
\begin{document}
Table~\ref{table1} shows the the Example of ABC.
\begin{table}[h]
    \centering
    \caption{Example of ABC}
    \begin{tabular}{|c|c|c|c|}
        \hline
        \diagbox[width=5em]{$A$}{$B$}{$C$} & Column2 & Column3 &
Column4\\
        \hline
```

```
        A1^{2} & A2 & A3 & A4\\
        \hline
        B1^{3} & B2 & B3 & B4\\
        \hline
        C1 & C2 & C3 & C4\\
        \hline
        \end{tabular}
    \label{table1}
\end{table}
\end{document}
```

编译上述代码，得到的表格如图 5-9 所示。

Table 1 shows the the Example of ABC.

Table 1: Example of ABC

B ╲ C A	Column2	Column3	Column4
A1	A2	A3	A4
B1	B2	B3	B4
C1	C2	C3	C4

图 5-9　编译后的表格

5.2.4　文本对齐换行

1. 自动对齐换行

使用列类型参数 l、c 或 r 可以对每列的单元格设置左对齐、横向居中对齐和右对齐，但由此创建的单元格不仅无法设置顶部对齐、纵向居中对齐和底部对齐方式，而且单元格内容不论长短都被拉长为一行，显得不够灵活。下面介绍几种用于实现单元格自动对齐与换行的方式。

● 使用 array 宏包实现单元格自动对齐与换行

使用 array 宏包实现单元格自动对齐与换行，需要先在导言区使用 \usepackage{array} 语句声明调用 array 宏包。该宏包提供了以下 6 个列类型参数，它们分别对应不同的对齐与换行方式。

● p{ 列宽 }：单元格内容将根据设置的列宽自动换行，并且对齐方式为顶部对齐。

● m{ 列宽 }：单元格内容将根据设置的列宽自动换行，并且对齐方式为纵向居中对齐。

- b{ 列宽 }：单元格内容将根据设置的列宽自动换行，并且对齐方式为底部对齐。
- >{\raggedright\arraybackslash}：将一列的单元格内容设置为左对齐。
- >{\centering\arraybackslash}：将一列的单元格内容设置为横向居中对齐。
- >{\raggedleft\arraybackslash}：将一列的单元格内容设置为右对齐。

默认情况下，如果单独使用 p、m 或 b 参数，则默认为左对齐。我们可以对上述参数进行组合使用，从而获得不同的对齐效果。需要注意的是，此时应使用 \tabularnewline 命令取代 \\ 符号作为表格一行的结束。

【例 5-9】调用 array 宏包及其提供的列类型参数，从而实现单元格自动对齐与分行，代码如下所示。

```
\documentclass[12pt]{article}
\usepackage{array}
\begin{document}

\begin{table}[h]
\centering
    \caption{Title of a table.}
    \label{first label}
    \begin{tabular}{|>{\raggedright\arraybackslash}m{2.3cm}|>{\centering\
arraybackslash}m{2.3cm}|>{\centering}m{2.3cm}|>{\raggedleft\arraybackslash}
m{2.3cm}|}
        \hline
        Column1 & Column2 Column2 & Column3 Column3 Column3 & Column4 Column4
Column4 Column4 \tabularnewline
        \hline
        Value1 & Value2 Value2 & Value3 Value3 Value3 & Value4 Value4 Value4
Value4 \tabularnewline
        \hline
        Value1 & Value2 Value2 & Value3 Value3 Value3 & Value4 Value4 Value4
Value4 \tabularnewline
        \hline
    \end{tabular}
\end{table}
\end{document}
```

编译上述代码，得到的表格如图 5-10 所示。

Table 1: Title of a table.

Column1	Column2 Column2	Column3 Column3 Column3	Column4 Column4 Column4 Column4
Value1	Value2 Value2	Value3 Value3 Value3	Value4 Value4 Value4 Value4
Value1	Value2 Value2	Value3 Value3 Value3	Value4 Value4 Value4 Value4

图 5-10　编译后的表格

● 使用 tabularx 宏包实现自动换行

使用 tabularx 宏包实现自动换行，需要先在导言区声明调用 tabularx 宏包，然后使用 \begin{tabularx} \end{tabularx} 环境取代 \begin{tabular} \end{tabular} 环境创建表格内容。 tabularx 环境的使用方式与 tabular 类似，不同之处主要在于：\begin{tabularx}{ 表格宽度 } { 列类型 } 中应设置表格宽度；在 tabularx 环境中，对于需要自动换行的列，其列类型应设置为大写的 X。X 参数可以与 >{\raggedright\arraybackslash}、>{\centering\arraybackslash} 或 >{\raggedleft\arraybackslash} 组合使用，从而修改单元格的对齐方式。

【例 5-10】调用 tabularx 宏包并设置列类型参数 X，从而实现单元格内容自动换行，代码如下所示。

```
\documentclass[12pt]{article}
\usepackage{array}
\usepackage{tabularx} % 调用 tabularx 宏包
\begin{document}
\begin{table}[h]
\centering
    \caption{Title of a table.}
    \label{first label}
    \begin{tabularx}{\linewidth}{|X|X|X|>{\centering\arraybackslash}X|} % 将需要
自动换行的列的列类型参数设为 X
        \hline
        Column1 & Column2 & Column3 & Column4 \\
        \hline
        This is Value1. This is Value1. & This is Value2. This is Value2.
& This is Value3. This is Value3. & This is Value4. This is Value4. \\
        \hline
        This is Value1. This is Value1. This is Value1. & This is Value2.
```

```
This is Value2. This is Value2. & This is Value3. This is Value3. This is
Value3. & This is Value4. This is Value4. This is Value4. \\
        \hline
    \end{tabularx}
\end{table}
\end{document}
```

编译上述代码，得到的表格如图 5-11 所示。

Table 1: Title of a table.

Column1	Column2	Column3	Column4
This is Value1. This is Value1.	This is Value2. This is Value2.	This is Value3. This is Value3.	This is Value4. This is Value4.
This is Value1. This is Value1. This is Value1.	This is Value2. This is Value2. This is Value2.	This is Value3. This is Value3. This is Value3.	This is Value4. This is Value4. This is Value4.

图 5-11　编译后的表格

● 使用 tabulary 宏包实现自动换行

使用 tabulary 宏包实现自动换行，同样需要先在导言区声明调用 tabulary 宏包，然后使用 \begin{tabulary}{ 表格宽度 }{ 列类型 } \end{tabulary} 环境创建表格。对于需要自动换行的列，只需将列类型改为大写字母即可，即大写 L 表示左对齐并自动换行、大写 C 表示居中对齐并自动换行、大写 R 表示右对齐并自动换行。

【例 5-11】调用 tabulary 宏包并设置大写列类型参数（L、C 和 R），从而实现单元格内容自动换行，代码如下所示。

```
\documentclass[12pt]{article}
\usepackage{array}
\usepackage{tabulary} % 调用 tabulary 宏包
\begin{document}
\begin{table}[h]
\centering
    \caption{Title of a table.}
    \label{first label}
    \begin{tabulary}{\linewidth}{|L|C|C|R|} % 将需要自动换行的列的列类型参数改
为大写
        \hline
        Column1 & Column2 & Column3 & Column4 \\
        \hline
        This is Value1. This is Value1. & This is Value2. This is Value2.
```

```
       & This is Value3. This is Value3. & This is Value4. This is Value4. \\
            \hline
            This is Value1. This is Value1. This is Value1. & This is Value2.
This is Value2. This is Value2. & This is Value3. This is Value3. This is
Value3. & This is Value4. This is Value4. This is Value4. \\
            \hline
        \end{tabulary}
    \end{table}
\end{document}
```

编译上述代码，得到的表格如图 5-12 所示。

Table 1: Title of a table.

Column1	Column2	Column3	Column4
This is Value1.	This is Value2.	This is Value3.	This is Value4.
This is Value1.	This is Value2.	This is Value3.	This is Value4.
This is Value1.	This is Value2.	This is Value3.	This is Value4.
This is Value1.	This is Value2.	This is Value3.	This is Value4.
This is Value1.	This is Value2.	This is Value3.	This is Value4.

图 5-12　编译后的表格

2. 人工强制换行

有时候我们需要自己手动指定换行符，而不是依靠 p 来实现自动换行。在这种情况下，可以使用命令 \parbox 来完成换行。

【例 5-12】用 \parbox 命令来使单元格中的文本实现指定换行，代码如下所示。

```
\documentclass{article}
\begin{document}
\begin{center}
    \begin{tabular}{|c|c|c|c|}
        \hline
        a & b & c & d \\
        \hline
        a & b & c & \parbox[t]{5cm}{In probability theory and statistics,
the continuous uniform distribution\\ or rectangular distribution is a
family of symmetric probability distributions.} \\
        \hline
    \end{tabular}
\end{center}
\end{document}
```

编译上述代码，得到的表格如图 5-13 所示。

图 5-13　编译后的表格

5.2.5　数字位数对齐

为了更好地描述数据，我们常将表格中的数据在小数点处对齐，这可以通过使用 LaTeX 中的 dcolumn 包来实现。这个包提供了一个名为 D 的列类型，它可以方便地实现基于小数点的数字对齐以及基于其他符号的对齐，使用方式为 D{ 输入符号 }{ 输出符号 }{ 符号后的数字位数 }。基于小数点的数字对齐，输入符号一般为 "."；有时需要根据特定符号，如千分位逗号，进行数字对齐，这时输入符号即为 ","。例如，D{.}{\cdot}{2} 表示将某列的数据根据符号 "." 对齐，输出时将该符号显示为点乘符号，并且显示 2 个小数位数。

列类型 D 可以像其他列类型一样在表格环境的开始命令处直接进行设置，但会导致语句过长，所以一般使用 array 宏包的 \newcolumntype 命令定义一个新的列类型，并赋予这个列类型一个比较短的名称以方便调用。定义新的列类型的语句为 \newcolumntype{ 新列类型名称 }[新列类型的参数个数]{ 定义新列类型 }。例如，\newcolumntype{d}[1]{D{.}{\cdot}{#1}} 表示创建一个名为 d 的新列类型，该列类型的内容为 D{.}{\cdot}{ 符号后的数字位数 }，其中数字位数是传给 d 的参数。

【例 5-13】用 dcolumn 包来使单元格中的文本实现指定换行，代码如下所示。

```
\documentclass[12pt]{article}
\usepackage{dcolumn}
\newcolumntype{d}[1]{D{.}{\cdot}{#1} }
\begin{document}
    \begin{tabular}{|l |r |c |d{1}| }
        \hline
        Left&Right&Center&\mathrm{Decimal}\\
        \hline
        1&2&3&4\\
```

```
    \hline
    11&22&33&44\\
    \hline
    1.1&2.2&3.3&4.4\\
    \hline
    \end{tabular}
\end{document}
```

编译上述代码，得到的表格如图 5-14 所示。

Left	Right	Center	Decimal
1	2	3	4
11	22	33	44
1.1	2.2	3.3	4·4

图 5-14   编译后的表格

5.3   调整表格样式

5.3.1   调整表格宽高

1. 调整表格宽度

在上一节中，我们介绍了使用 array 宏包提供的列类型参数的方法，从而在设置单元格对齐方式的同时对列宽进行调整的方法。除此之外，我们也可以在导言区使用 \setlength{\tabcolsep}{ 文本和列分隔线的间距 } 命令修改表格列宽。使用该命令，在默认情况下，单元格内容与列分隔线的间距为 6pt。

【例 5-14】使用 \setlength{\tabcolsep}{12pt} 命令将表格单元格文本和列分隔线的间距设为 12pt，代码如下所示。

```
\documentclass[12pt]{article}
\setlength{\tabcolsep}{12pt}
\begin{document}
\begin{tabular}{|c|c|c|c|}
    \hline
    Column1 & Column2 & Column3 & Column4\\
    \hline
    A1 & A2 & A3 & A4\\
```

```
    \hline
    B1 & B2 & B3 & B4\\
    \hline
    C1 & C2 & C3 & C4\\
    \hline
\end{tabular}
\end{document}
```

编译上述代码，得到的表格如图 5-15 所示。

Column1	Column2	Column3	Column4
A1	A2	A3	A4
B1	B2	B3	B4
C1	C2	C3	C4

图 5-15　编译后的表格

在 LaTeX 中，可使用 tabularx 宏包调整表格的整体宽度，也可以在 \begin{tabularx} 命令后的参数设置中，设置每一列的宽度。

【例 5-15】使用 tabularx 宏包调整表格宽度，代码如下所示。

```
\documentclass[12pt]{article}
\usepackage{tabularx}
\begin{document}
\begin{table}
    \centering
    \begin{tabularx}{\textwidth}{|p{3cm}|p{3cm}|p{3cm}|p{3cm}|}
    \hline
    Column1 & Column2 & Column3 & Column4\\
    \hline
    A1 & A2 & A3 & A4\\
    \hline
    B1 & B2 & B3 & B4\\
    \hline
    C1 & C2 & C3 & C4\\
    \hline
    \end{tabularx}
    \label{table1}
\end{table}
\end{document}
```

编译上述代码，得到的表格如图 5-16 所示。

Column1	Column2	Column3	Column4
A1	A2	A3	A4
B1	B2	B3	B4
C1	C2	C3	C4

图 5-16　编译后的表格

2. 调整表格高度

如果需要调整表格整体行高，可以在导言区使用 \renewcommand{\arraystretch}{ 行高倍数 } 命令设置行高倍数，从而在默认值的基础上对行高拉伸或压缩。

【例 5-16】使用 array 宏包中的 \renewcommand\arraystretch{2} 命令将行高整体调为两倍行距，代码如下所示。

```
\documentclass[12pt]{article}
\renewcommand{\arraystretch}{2}
\begin{document}
\begin{tabular}{|c|c|c|c|}
    \hline
    Column1 & Column2 & Column3 & Column4\\
    \hline
    A1 & A2 & A3 & A4\\
    \hline
    B1 & B2 & B3 & B4\\
    \hline
    C1 & C2 & C3 & C4\\
    \hline
\end{tabular}
\end{document}
```

编译上述代码，得到的表格如图 5-17 所示。

Column1	Column2	Column3	Column4
A1	A2	A3	A4
B1	B2	B3	B4
C1	C2	C3	C4

图 5-17　编译后的表格

在 LaTeX 中，也可以使用 \rule{}{} 命令调整每行的高度。

【例 5-17】 使用 \rule{}{} 命令调整第二行的高度，代码如下所示。

```
\documentclass[12pt]{article}
\usepackage{tabularx}
\begin{document}
\begin{table}
    \centering
    \begin{tabularx}{\textwidth}{|p{3cm}|p{3cm}|p{3cm}|p{3cm}|}
    \hline
    Column1 & Column2 & Column3 & Column4\\
    \rule{0pt}{30pt}
    \hline
    A1 & A2 & A3 & A4\\
    \hline
    B1 & B2 & B3 & B4\\
    \hline
    C1 & C2 & C3 & C4\\
    \hline
    \end{tabularx}
    \label{table1}
\end{table}
\end{document}
```

编译上述代码，得到的表格如图 5-18 所示。

Column1	Column2	Column3	Column4
A1	A2	A3	A4
B1	B2	B3	B4
C1	C2	C3	C4

图 5-18　编译后的表格

5.3.2　表格行列合并

合并行列是表格中重要的格式调整内容，当需要合并单元格时，我们应先在导言区声明 \usepackage{multirow} 以导入 multirow 宏包，然后使用 \multicolumn 命令合并同行不同列的单元格，再使用 \multirow 命令合并同列不同行的单元格。

1. 合并不同列的单元格

合并不同列的单元格时，应在 tabular 环境中使用 \multicolumn{ 合并列数 }{ 合并后的列类型参数 }{ 单元格内容 } 语句定义合并单元格。此时，合并后的单元格的列类型将由 \multicolumn 给出，而非 \begin{tabular} 中预设的列类型参数。

【例 5-18】在 tabular 环境中使用 \multicolumn 命令合并不同列的单元格，代码如下所示。

```
\documentclass[12pt]{article}
\usepackage{multirow}
\begin{document}
\begin{tabular}{|l|l|l|l|}
    \hline
    Column1 & Column2 & Column3 & Column4 \\
    \hline
    \multicolumn{2}{|c|}{A1 and A2} & A3 & A4 \\
    \hline
    B1 & B2 & B3 & B4 \\
    \hline
    C1 & C2 & C3 & C4 \\
    \hline
\end{tabular}
\end{document}
```

编译上述代码，得到的表格如图 5-19 所示。

Column1	Column2	Column3	Column4
A1 and A2		A3	A4
B1	B2	B3	B4
C1	C2	C3	C4

图 5-19　编译后的表格

2. 合并不同行的单元格

合并不同行的单元格时，使用的命令为 \multirow{ 合并行数 }{ 合并后的宽度 }{ 单元格内容 }。如果把 { 合并后的宽度 } 参数设置为 {*}，那么 LaTeX 会根据文本内容自动设置单元格宽度。在绘制行分隔线时，使用 \hline 命令，则会创建一条横跨表格左右两端的横线，这显然不适用于合并单元格后的行。所以，此时应用 \cline{ 起始列号 - 终止列号 } 命令，通过指定行分隔线的起始列和终止列，定制跨越了部分列的行分隔线。

【例 5-19】在 tabular 环境中使用 \multirow 命令合并不同列的单元格，并使用 \cline 命令定制行分隔线的起始点，代码如下所示。

```
\documentclass[12pt]{article}
\usepackage{multirow}
\begin{document}

\begin{tabular}{|l|l|l|l|}
    \hline
    Column1 & Column2 & Column3 & Column4 \\
    \hline
    \multirow{2}{*}{A1 and B1} & A2 & A3 & A4 \\
    \cline{2-4} % 创建一条从第 2 列到第 4 列的行分隔线
    & B2 & B3 & B4 \\
    \hline
    C1 & C2 & C3 & C4 \\
    \hline
\end{tabular}
\end{document}
```

编译上述代码，得到的表格如图 5-20 所示。

Column1	Column2	Column3	Column4
A1 and B1	A2	A3	A4
	B2	B3	B4
C1	C2	C3	C4

图 5-20　编译后的表格

从本例可以看出，合并多行的单元格时，除了第一行使用 \multirow 命令定义单元格外，其余被合并的行处均留空。

3. 合并多行多列的单元格

通过嵌套使用 \multicolumn 和 \multirow 命令可以合并多行多列的单元格，具体命令为 \multicolumn{ 合并列数 }{ 合并后的列类型参数 }{\multirow{ 合并行数 }{ 合并后的宽度 }{ 单元格内容 }}。

【例 5-20】在 tabular 环境中嵌套使用 \multicolumn 和 \multirow 命令合并多行多列的单元格，代码如下所示。

```
\documentclass[12pt]{article}
\usepackage{multirow}
\begin{document}
```

```
\begin{tabular}{|l|l|l|l|}
    \hline
    Column1 & Column2 & Column3 & Column4 \\
    \hline
    \multicolumn{2}{|c|}{\multirow{2}{*}{A1, A2, B1 and B2}} & A3 & A4 \\
% 合并多行多列的单元格
    \cline{3-4} % 创建一条从第 3 列到第 4 列的行分隔线
    \multicolumn{2}{|c|}{} & B3 & B4 \\
    \hline
    C1 & C2 & C3 & C4 \\
    \hline
\end{tabular}

\end{document}
```

编译上述代码，得到的表格如图 5-21 所示。

Column1	Column2	Column3	Column4
A1, A2, B1 and B2		A3	A4
		B3	B4
C1	C2	C3	C4

图 5-21　编译后的表格

从上例可以看出，在同时合并涉及多行多列的单元格时，除了第一行使用 \multicolumn 和 \multirow 嵌套命令定义单元格外，其余被合并的行处均使用内容为空的 \multicolumn 命令。

5.3.3　插入彩色表格

有时，根据表达需要，表格中的内容需要突出显示，彩色表格即为突出显示的一种重要方式。通过对表格的单元格、行或列填充颜色，可以创建不同的彩色表格。为此，我们应在导言区使用 \usepackage[table]{xcolor} 声明语句，通过调用 xcolor 宏包提供的相关命令实现颜色填充。填充单元格时，使用 \cellcolor{单元格填充颜色} 命令即可。

【例 5-21】在导言区使用 \usepackage[table]{xcolor} 命令调用设置了 table 选项的 xcolor 宏包，并使用 \cellcolor 命令定义具有颜色填充效果的单元格，代码如下所示。

```
\documentclass[12pt]{article}
```

```
\usepackage[table]{xcolor} % 调用设置了 table 选项的 xcolor 宏包
\begin{document}

\begin{tabular}{|l|l|l|l|}
    \hline
    Column1 & Column2 & Column3 & Column4\\
    \hline
    \cellcolor{red!80}A1 & A2 & A3 & A4\\ % 使用 \cellcolor 命令设置单元格填
充颜色
    \hline
    \cellcolor{red!50}B1 & B2 & B3 & B4\\
    \hline
    \cellcolor{red!20}C1 & C2 & C3 & C4\\
    \hline
\end{tabular}

\end{document}
```

编译上述代码，得到的表格如图 5-22 所示。

Column1	Column2	Column3	Column4
A1	A2	A3	A4
B1	B2	B3	B4
C1	C2	C3	C4

图 5-22　编译后的表格

为了达到更好的视觉效果，有时候需要为表格的奇数行和偶数行交替设置不同的填充颜色，这时只需要在 tabular 环境前使用 \rowcolors{ 开始填充的行编号 }{ 第一个行填充颜色 }{ 第二个行填充颜色 } 命令即可，代码如下所示。

```
\documentclass[12pt]{article}
\usepackage[table]{xcolor} % 调用设置了 table 选项的 xcolor 宏包
\begin{document}
\rowcolors{2}{red!50}{red!20} % 设置表格交替填充行颜色
\begin{tabular}{|l|l|l|l|}
    \hline
    Column1 & Column2 & Column3 & Column4\\
    \hline
    A1 & A2 & A3 & A4\\
    \hline
```

```
B1 & B2 & B3 & B4\\
    \hline
C1 & C2 & C3 & C4\\
    \hline
\end{tabular}
\end{document}
```

编译上述代码，得到的表格如图 5-23 所示。

Column1	Column2	Column3	Column4
A1	A2	A3	A4
B1	B2	B3	B4
C1	C2	C3	C4

图 5-23　编译后的表格

当然，我们也可以设置列填充颜色，只需要在列类型参数中加上 >{\columncolor{ 列填充颜色 }} 即可，代码如下所示。

```
\documentclass[12pt]{article}
\usepackage[table]{xcolor} % 调用设置了 table 选项的 xcolor 宏包
\begin{document}
\begin{tabular}{|>{\columncolor{red!50}}l|>{\columncolor{red!20}}l|>
{\columncolor{red!50}}l|>{\columncolor{red!20}}l|} % 设置列填充颜色
    \hline
Column1 & Column2 & Column3 & Column4\\
    \hline
A1 & A2 & A3 & A4\\
    \hline
B1 & B2 & B3 & B4\\
    \hline
C1 & C2 & C3 & C4\\
    \hline
\end{tabular}
\end{document}
```

编译上述代码，得到的表格如图 5-24 所示。

Column1	Column2	Column3	Column4
A1	A2	A3	A4
B1	B2	B3	B4
C1	C2	C3	C4

图 5-24　编译后的表格

5.3.4　修改表格线型

1. 线宽全局设置

在导言区使用 \setlength{\arrayrulewidth}{ 线宽 } 命令，可以修改表格线宽，线宽默认值为 0.4pt。然而，当线宽数值设置过大时，表格线交叉处可能出现不连续的情况。对此，我们可以在导言区调用 xcolor 宏包，并设置 table 选项来解决。

【例 5-22】在导言区使用 \usepackage[table]{xcolor} 命令调用设置了 table 选项的 xcolor 宏包，并使用 \setlength{\arrayrulewidth}{ 线宽 } 命令设置表格线宽，代码如下所示。

```
\documentclass[12pt]{article}
\usepackage[table]{xcolor} % 调用设置了 table 选项的 xcolor 宏包
\setlength{\arrayrulewidth}{2pt} % 修改表格线宽
\begin{document}
\begin{tabular}{|l|l|l|l|}
    \hline
    Column1 & Column2 & Column3 & Column4\\
    \hline
    A1 & A2 & A3 & A4\\
    \hline
    B1 & B2 & B3 & B4\\
    \hline
    C1 & C2 & C3 & C4\\
    \hline
\end{tabular}
\end{document}
```

编译上述代码，得到的表格如图 5-25 所示。

Column1	Column2	Column3	Column4
A1	A2	A3	A4
B1	B2	B3	B4
C1	C2	C3	C4

图 5-25　编译后的表格

2. 创建三线表格

制作表格水平线时，最常用的命令是 \hline，它可以画出最常用的默认粗细的分隔线。实际上，我们有时候会用到不同粗细的分隔线，如制作三线表格时。对此，booktabs 宏包提供了更美观的行分隔线创建命令，它们常用于创建三线表格。其中，\toprule 命令常用于创建表格顶线，\bottomrule 命令常用于创建表格底线，\midrule 命令常用于创建表格标题栏和表格内容的分隔线，\cmidrule{ 起始列号 - 终止列号 } 命令常用于创建标题栏内部的分隔线并设置分隔线的跨越范围。

详细用法可点击以下网址查询 https://tex.stackexchange.com/questions/156122/booktabs-what-is-the-difference-between-toprule-and-hline。

【例 5-23】调用 booktabs 宏包及其相关命令创建三线表格，代码如下所示。

```
\documentclass[12pt]{article}
\usepackage{booktabs}
\usepackage{multirow}
\begin{document}
\begin{tabular}{cccc}
    \toprule
    \multicolumn{2}{c}{\textbf{Type1}} & \\
    \cmidrule{1-2}
    Column1 & Column2 & Column3 & Column4\\
    \midrule
    A1 & A2 & A3 & A4\\
    B1 & B2 & B3 & B4\\
    C1 & C2 & C3 & C4\\
    \bottomrule
\end{tabular}
\end{document}
```

编译上述代码，得到的表格如图 5-26 所示。

Type1			
Column1	Column2	Column3	Column4
A1	A2	A3	A4
B1	B2	B3	B4
C1	C2	C3	C4

图 5-26　编译后的表格

5.3.5　表格位置设置

表格制作好后，我们需要对其位置进行设置。设置表格的位置与后面设置图片的位置的方法相似。关于表格位置的设置，这里主要介绍如何通过 tabular、table 和 wraptable 三种环境完成设置。其中，tabular 环境默认的表格位置是左对齐；table 环境可以通过设置自动调整表格的位置，从而让表格自动出现在合适的地方；wraptable 环境可以让表格周围环绕文字，从而避免表格两旁的空白空间浪费。

【例 5-24】在 tabular 环境默认的情况下，将表格插入文本，代码如下所示。

```
\documentclass[12pt]{article}
\usepackage{xcolor}
\usepackage{colortbl,booktabs}
\begin{document}
In descriptive statistics, a box plot or boxplot is a method for graphically
depicting groups of numerical data through their quartiles. Box plots may also
have lines extending from the boxes (whiskers) indicating variability outside
the upper and lower quartiles, hence the terms box-and-whisker plot and box-and-
whisker diagram. Outliers may be plotted as individual points.

Box plots are non-parametric: they display variation in samples of a
statistical population without making any assumptions of the underlying
statistical distribution (though Tukey's boxplot assumes symmetry for the
whiskers and normality for their length).

\begin{tabular}{|l|l|l|l|}
    \hline
    Column1 & Column2 & Column3 & Column4\\
    \hline
    A1 & A2 & A3 & A4\\
    \hline
    B1 & B2 & B3 & B4\\
    \hline
    C1 & C2 & C3 & C4\\
    \hline
\end{tabular}

The spacings between the different parts of the box indicate the degree
of dispersion (spread) and skewness in the data, and show outliers.

In addition to the points themselves, they allow one to visually
estimate various L-estimators, notably the interquartile range, midhinge,
range, mid-range, and trimean. Box plots can be drawn either horizontally or
vertically. Box plots received their name from the box in the middle, and
from the plot that they are.

\end{document}
```

编译上述代码，得到的表格如图 5-27 所示。

In descriptive statistics, a box plot or boxplot is a method for graphically depicting groups of numerical data through their quartiles. Box plots may also have lines extending from the boxes (whiskers) indicating variability outside the upper and lower quartiles, hence the terms box-and-whisker plot and box-and-whisker diagram. Outliers may be plotted as individual points. Box plots are non-parametric: they display variation in samples of a statistical population without making any assumptions of the underlying statistical distribution (though Tukey's boxplot assumes symmetry for the whiskers and normality for their length).

Column1	Column2	Column3	Column4
A1	A2	A3	A4
B1	B2	B3	B4
C1	C2	C3	C4

The spacings between the different parts of the box indicate the degree of dispersion (spread) and skewness in the data, and show outliers. In addition to the points themselves, they allow one to visually estimate various L-estimators, notably the interquartile range, midhinge, range, mid-range, and trimean. Box plots can be drawn either horizontally or vertically. Box plots received their name from the box in the middle, and from the plot that they are.

图 5-27　编译后的表格

使用 table 环境对表格的位置进行调整很方便，做法是通过命令 \begin{table}[] 对中括号中的参数进行设置。其中，参数包括以下几种：h，将浮动元素的位置设定为这里（here），一般位于其在文档中出现的位置；t，将浮动元素的位置设定为页面的上方（top）；b，将浮动元素的位置设定为页面的底部（bottom）；p，将浮动元素仅放置在一个特殊的页面；!，重新设置 LaTeX 的一个内部参数；H，将浮动元素精确地放置于它在文本中所出现的位置。

【例 5-25】在 table 环境下将表格设置于页面上方，代码如下所示。

```
\documentclass[12pt]{article}
\usepackage{xcolor}
\usepackage{colortbl,booktabs}
\begin{document}
In descriptive statistics, a box plot or boxplot is a method for
graphically depicting groups of numerical data through their quartiles. Box
plots may also have lines extending from the boxes (whiskers) indicating
variability outside the upper and lower quartiles, hence the terms box-
and-whisker plot and box-and-whisker diagram. Outliers may be plotted as
individual points. Box plots are non-parametric: they display variation in
samples of a statistical population without making any assumptions of the
underlying statistical distribution (though Tukey's boxplot assumes symmetry
for the whiskers and normality for their length).
```

```
\begin{table}[t]
\centering
\begin{tabular}{lcccc}
    \hline
     & $x=1$ & $x=2$ & $x=3$ & $x=4$ \\
    \hline
$y=x$ &\multicolumn{1}{c}{1}  & 2 & 3 & 4 \\
$y=x^{2}$ & 1 & \multicolumn{1}{c}{4} & 9 & 16 \\
$y=x^{3}$ & 1 & 8 & \multicolumn{1}{c}{27} & 64 \\
    \hline
\end{tabular}
\end{table}
```

The spacings between the different parts of the box indicate the degree of dispersion (spread) and skewness in the data, and show outliers. In addition to the points themselves, they allow one to visually estimate various L-estimators, notably the interquartile range, midhinge, range, mid-range, and trimean. Box plots can be drawn either horizontally or vertically. Box plots received their name from the box in the middle, and from the plot that they are.

```
\end{document}
```

编译上述代码，得到的表格如图 5-28 所示。

Column1	Column2	Column3	Column4
A1	A2	A3	A4
B1	B2	B3	B4
C1	C2	C3	C4

In descriptive statistics, a box plot or boxplot is a method for graphically depicting groups of numerical data through their quartiles. Box plots may also have lines extending from the boxes (whiskers) indicating variability outside the upper and lower quartiles, hence the terms box-and-whisker plot and box-and-whisker diagram. Outliers may be plotted as individual points. Box plots are non-parametric: they display variation in samples of a statistical population without making any assumptions of the underlying statistical distribution (though Tukey's boxplot assumes symmetry for the whiskers and normality for their length).

The spacings between the different parts of the box indicate the degree of dispersion (spread) and skewness in the data, and show outliers. In addition to the points themselves, they allow one to visually estimate various L-estimators, notably the interquartile range, midhinge, range, mid-range, and trimean. Box plots can be drawn either horizontally or vertically. Box plots received their name from the box in the middle, and from the plot that they are.

图 5-28 编译后的表格

【例 5-26】在 table 环境下将表格自动设置为 here，并且设定空间不够时表格在上方，代码如下所示。

```
\documentclass[12pt]{article}
\usepackage{xcolor}
\usepackage{colortbl,booktabs}
\begin{document}
```

In descriptive statistics, a box plot or boxplot is a method for graphically depicting groups of numerical data through their quartiles. Box plots may also have lines extending from the boxes (whiskers) indicating variability outside the upper and lower quartiles, hence the terms box-and-whisker plot and box-and-whisker diagram. Outliers may be plotted as individual points. Box plots are non-parametric: they display variation in samples of a statistical population without making any assumptions of the underlying statistical distribution (though Tukey's boxplot assumes symmetry for the whiskers and normality for their length).

```
\begin{table}[ht]
\centering
\begin{tabular}{lcccc}
    \hline
     & $x=1$ & $x=2$ & $x=3$ & $x=4$ \\
    \hline
$y=x$ &\multicolumn{1}{c}{1}  & 2 & 3 & 4 \\
$y=x^{2}$ & 1 & \multicolumn{1}{c}{4} & 9 & 16 \\
$y=x^{3}$ & 1 & 8 & \multicolumn{1}{c}{27} & 64 \\
    \hline
\end{tabular}\end{table}
```

The spacings between the different parts of the box indicate the degree of dispersion (spread) and skewness in the data, and show outliers. In addition to the points themselves, they allow one to visually estimate various L-estimators, notably the interquartile range, midhinge, range, mid-range, and trimean. Box plots can be drawn either horizontally or vertically. Box plots received their name from the box in the middle, and from the plot that they are.

```
\end{document}
```

编译上述代码，得到的表格如图 5-29 所示。

In descriptive statistics, a box plot or boxplot is a method for graphically depicting groups of numerical data through their quartiles. Box plots may also have lines extending from the boxes (whiskers) indicating variability outside the upper and lower quartiles, hence the terms box-and-whisker plot and box-and-whisker diagram. Outliers may be plotted as individual points. Box plots are non-parametric: they display variation in samples of a statistical population without making any assumptions of the underlying statistical distribution (though Tukey's boxplot assumes symmetry for the whiskers and normality for their length).

Column1	Column2	Column3	Column4
A1	A2	A3	A4
B1	B2	B3	B4
C1	C2	C3	C4

The spacings between the different parts of the box indicate the degree of dispersion (spread) and skewness in the data, and show outliers. In addition to the points themselves, they allow one to visually estimate various L-estimators, notably the interquartile range, midhinge, range, mid-range, and trimean. Box plots can be drawn either horizontally or vertically. Box plots received their name from the box in the middle, and from the plot that they are.

图 5-29　编译后的表格

当表格两边有大量空白时，为了避免空间浪费，我们可以使用 wrapfig 包来实现表格周围环绕文字的位置设定。

【例 5-27】在 wraptable 环境下将表格设置为周围环绕文字，图和文字距离为 8cm，代码如下所示。

```
\documentclass[12pt]{article}
\usepackage{xcolor}
\usepackage{colortbl,booktabs}
\usepackage{wrapfig}
\begin{document}
```

In descriptive statistics, a box plot or boxplot is a method for graphically depicting groups of numerical data through their quartiles. Box plots may also have lines extending from the boxes (whiskers) indicating variability outside the upper and lower quartiles, hence the terms box-and-whisker plot and box-and-whisker diagram. Outliers may be plotted as individual points. Box plots are non-parametric: they display variation in samples of a statistical population without making any assumptions of the underlying statistical distribution (though Tukey's boxplot assumes symmetry for the whiskers and normality for their length).

```
\begin{wraptable}{r}{8cm}
```

```
\centering
\begin{tabular}{|l|l|l|l|}
    \hline
    Column1 & Column2 & Column3 & Column4\\
    \hline
    A1 & A2 & A3 & A4\\
    \hline
    B1 & B2 & B3 & B4\\
    \hline
    C1 & C2 & C3 & C4\\
    \hline
\end{tabular}
\end{wraptable}
```

The spacings between the different parts of the box indicate the degree of dispersion (spread) and skewness in the data, and show outliers. In addition to the points themselves, they allow one to visually estimate various L-estimators, notably the interquartile range, midhinge, range, mid-range, and trimean. Box plots can be drawn either horizontally or vertically. Box plots received their name from the box in the middle, and from the plot that they are.

```
\end{document}
```

编译上述代码，得到的表格如图 5-30 所示。

In descriptive statistics, a box plot or boxplot is a method for graphically depicting groups of numerical data through their quartiles. Box plots may also have lines extending from the boxes (whiskers) indicating variability outside the upper and lower quartiles, hence the terms box-and-whisker plot and box-and-whisker diagram. Outliers may be plotted as individual points. Box plots are non-parametric: they display variation in samples of a statistical population without making any assumptions of the underlying statistical distribution (though Tukey's boxplot assumes symmetry for the whiskers and normality for their length).

The spacings between the different parts of the box indicate the degree of dispersion (spread) and skewness in the data, and show outliers. In addition to the points themselves, they allow one to visually estimate various L-estimators, notably the interquartile range, midhinge, range, mid-range, and trimean. Box plots can be drawn either horizontally or vertically. Box plots received their name from the box in the middle, and from the plot that they are.

Column1	Column2	Column3	Column4
A1	A2	A3	A4
B1	B2	B3	B4
C1	C2	C3	C4

图 5-30　编译后的表格

5.3.6　其他样式调整

1. 创建跨页表格

使用 tabular 环境创建的表格，如果太长，那么页面放不下的部分会被裁剪掉。如果想让表格在行数太多时自动分页，那么我们可以通过调用 longtable 宏包并使用 longtable 环境创建表格。

在 longtable 环境中创建表格的方式与使用 table 和 tabular 嵌套环境类似，我们也能使用 \caption、\label 命令分别创建表格标题和索引标签。不过，在 longtable 环境中可以设置跨页表格在每一页的重复表头和表尾。完成该设置，需要依次用到以下四个命令。

- \endfirsthead：\begin{longtable} 和 \endfirsthead 之间的内容只会出现在表格第一页的表头部分。
- \endhead：\endfirsthead 和 \endhead 之间的内容将会出现在表格除第一页之外的表头部分。
- \endfoot：\endhead 和 \endfoot 之间的内容将会出现在除表格最后一页之外的表尾部分。
- \endlastfoot：\endfoot 和 \endlastfoot 之间的内容只会出现在表格最后一页的表尾部分。

以上四个命令需要放置在 longtable 环境的开始处。

【例 5-28】调用 longtable 宏包及环境创建跨页表格，代码如下所示。

```
\documentclass[12pt]{article}
\usepackage{longtable}
\usepackage{multirow}
\begin{document}
\begin{longtable}[c]{cccc}
    % 创建表格第一页的表头部分
    \caption{Title of a table}\\
    \hline
    Column1 & Column2 & Column3 & Column4\\
    \hline
    \endfirsthead
    % 创建表格除第一页之外的表头部分
    \caption{Title of a table - Continued}\\
    \hline
    Column1 & Column2 & Column3 & Column4\\
```

```
    \hline
    \endhead
    % 创建表格除最后一页之外的表尾部分
    \hline
    \endfoot
    % 创建表格最后一页的表尾部分
    \multicolumn{4}{c}{\textbf{End of table.}}\\
    \hline
    \endlastfoot
    % 表格内容
    A1 & A2 & A3 & A4\\
    B1 & B2 & B3 & B4\\
    C1 & C2 & C3 & C4\\
    A1 & A2 & A3 & A4\\
    B1 & B2 & B3 & B4\\
    C1 & C2 & C3 & C4\\
    ... % 省略中间部分
    A1 & A2 & A3 & A4\\
    B1 & B2 & B3 & B4\\
    C1 & C2 & C3 & C4\\
    \hline
\end{longtable}
\end{document}
```

编译上述代码，得到的表格如图 5-31 所示。其中，左图为表格第一页的部分内容，右图为第二页的所有内容。

Column1	Column2	Column3	Column4
A1	A2	A3	A4
B1	B2	B3	B4
C1	C2	C3	C4
A1	A2	A3	A4
B1	B2	B3	B4
C1	C2	C3	C4
A1	A2	A3	A4
B1	B2	B3	B4

Table 1: Title of a table

Column1	Column2	Column3	Column4
C1	C2	C3	C4
A1	A2	A3	A4
B1	B2	B3	B4
C1	C2	C3	C4
A1	A2	A3	A4
B1	B2	B3	B4
C1	C2	C3	C4
End of table.			

Table 1: Title of a table - Continued

图 5-31　编译后的表格

2. 旋转表格方向

当表格列数太多时，横向表格的展现效果较差，这时需要将表格旋转 90 度，以纵向表格的形式展现。在 LaTeX 中可以通过调用 rotating 宏包，并使用 sidewaystable 环境取代

table 环境，嵌套使用 tabular 环境创建纵向表格（表格逆时针旋转 90 度）。

【例 5-29】调用 rotating 宏包及 sidewaystable 环境创建纵向表格，代码如下所示。

```
\documentclass[12pt]{article}
\usepackage{rotating}
\usepackage{booktabs}
\begin{document}

\begin{sidewaystable}[h]
\centering
    \caption{Title of a table.}
    \label{first label}
    \begin{tabular}{cccc}
        \toprule
        Column1 & Column2 & Column3 & Column4\\
        \midrule
        A1 & A2 & A3 & A4\\
        B1 & B2 & B3 & B4\\
        C1 & C2 & C3 & C4\\
        \bottomrule
    \end{tabular}
\end{sidewaystable}

\end{document}
```

编译上述代码，得到的表格如图 5-32 所示。

Table 1: Title of a table.

Column1	Column2	Column3	Column4
A1	A2	A3	A4
B1	B2	B3	B4
C1	C2	C3	C4

图 5-32 编译后的表格

5.4 导入现成表格

当表格涉及大量数据时，如果在 LaTeX 中手动输入数据并创建表格显然不够灵活，因此这时我们可以通过导入 csv 文件数据的方式创建表格。LaTeX 提供了 csvsimple、pgfplotstable、csvtools 等宏包，它们可以帮助用户实现基于 csv 文件快速导入表格。其中，使用 csvsimple 宏包及其命令是一种比较常用的方式，我们下面对其展开介绍。

5.4.1　快速创建表格

首先在导言区使用 \usepackage{csvsimple} 语句声明调用 csvsimple 宏包，然后在文档主体内容中使用 \csvautotabular{csv 文件名或文件路径} 命令导入 csv 文件，表格创建由此完成。作为导入数据的 csv 文件，既可以预先放在指定目录下，也可以在 filecontents 环境中创建，示例语句如下。

```
\begin{filecontents}{dataimport.csv}
    COLUMNa,COLUMNb,COLUMNc,COLUMNd
    1.1,2.2,3.3,4.4
    11.1,22.2,33.3,44.4
    1.111,2.222,3.333,4.444
\end{filecontents}
```

上述语句执行后，一个名为"dataimport.csv"的 csv 文件就创建完成了。

【例 5-30】使用 filecontents 环境创建一个名为"dataimport.csv"的 csv 文件，并调用 csvsimple 宏包及 \csvautotabular 命令，基于 csv 文件快速创建表格，代码如下所示。

```
\begin{filecontents}{dataimport.csv}
COLUMNa,COLUMNb,COLUMNc,COLUMNd
1.1,2.2,3.3,4.4
11.1,22.2,33.3,44.4
1.111,2.222,3.333,4.444
\end{filecontents}

\documentclass{article}
\usepackage{csvsimple}
\begin{document}
\begin{table}
\centering
    \caption{A table imported from csv file}
    \label{labeloftable1}
    \csvautotabular{dataimport.csv}
```

```
\end{table}
\end{document}
```

编译上述代码，得到的表格如图 5-33 所示。

Table 1: A table imported from csv file

COLUMNa	COLUMNb	COLUMNc	COLUMNd
1.1	2.2	3.3	4.4
11.1	22.2	33.3	44.4
1.111	2.222	3.333	4.444

图 5-33　编译后的表格

5.4.2　创建三线表格

我们也可以结合 booktabs 宏包，使用 \csvautobooktabular 命令自动读取 csv 文件并创建更专业的三线表格。

【例 5-31】使用 filecontents 环境创建一个名为"dataimport.csv"的 csv 文件，调用 csvsimple 和 booktabs 宏包，使用 \csvautobooktabular 命令，基于 csv 文件快速创建三线表格，代码如下所示。

```
\begin{filecontents}{dataimport.csv}
COLUMNa,COLUMNb,COLUMNc,COLUMNd
1.1,2.2,3.3,4.4
11.1,22.2,33.3,44.4
1.111,2.222,3.333,4.444
\end{filecontents}

\documentclass{article}
\usepackage{csvsimple}
\usepackage{booktabs}
\begin{document}
\begin{table}
\centering
    \caption{A table imported from csv file}
    \label{labeloftable1}
    \csvautobooktabular{dataimport.csv}
\end{table}
\end{document}
```

编译上述代码，得到的表格如图 5-34 所示。

Table 1: A table imported from csv file

COLUMNa	COLUMNb	COLUMNc	COLUMNd
1.1	2.2	3.3	4.4
11.1	22.2	33.3	44.4
1.111	2.222	3.333	4.444

图 5-34　编译后的表格

5.4.3　设置表格属性

想要调整导入的表格样式、表头、指定导入列等属性，首先要使用 \csvreader[属性设置]{csv 文件名或文件路径 }{ 定义数据列名 }{ 需要导入的数据列名 } 命令读取 csv 文件，创建表格，然后通过设置属性选项、指定需要导入的数据列名调整表格属性。属性设置选项主要包括以下内容。

tabular：定义列类型。列类型个数应与需要导入的列数一致。

table head：定义表头，包括标题行的顶线、列名及底线。由此可以对各列名进行重定义或省略。

late after line：定义行分隔线。例如，单行分隔线设置表示为 late after line=\\\hline。

【例 5-32】使用 csvreader 命令读取 csv 文件创建表格，将表格列名 "COLUMNa,COLUMNb,COLUMNc,COLUMNd" 改为 "column1,column2,column3,column4"，分别设置数据列名 "ca,cb,cc,cd"，以指定导入哪些列，代码如下所示。

```
\begin{filecontents*}{dataimport.csv}
COLUMNa,COLUMNb,COLUMNc,COLUMNd
1.1,2.2,3.3,4.4
11.1,22.2,33.3,44.4
1.111,2.222,3.333,4.444
\end{filecontents*}

\documentclass{article}
\usepackage{csvsimple}
\begin{document}
\begin{table}
\centering
    \caption{A table imported from csv file}
```

```
\label{labeloftable1}
\csvreader[tabular=|l|l|l|l|,
table head=\hline column1 & column2 & column3 & column4\\\hline,
late after line=\\\hline] % 表格属性设置
{dataimport.csv} % csv 文件名
{COLUMNa =\ca, COLUMNb =\cb, COLUMNc =\cc, COLUMNd =\cd} % 定义数据列名
{\ca & \cb & \cc & \cd} % 需要导入的数据列名
\end{table}
\end{document}
```

编译上述代码，得到的表格如图 5-35 所示。

Table 1: A table imported from csv file

column1	column2	column3	column4
1.1	2.2	3.3	4.4
11.1	22.2	33.3	44.4
1.111	2.222	3.333	4.444

图 5-35　编译后的表格

如果需要对导入的表格增加行标签列，那么在设置需要导入的数据列名时增加
\thecsvrow 命令即可。

【例 5-33】使用 csvreader 命令读取 csv 文件创建表格，指定导入的数据列为前两列，并使用 \thecsvrow 命令增加行标签列，代码如下所示。

```
\begin{filecontents}{dataimport.csv}
COLUMNa,COLUMNb,COLUMNc,COLUMNd
1.1,2.2,3.3,4.4
11.1,22.2,33.3,44.4
1.111,2.222,3.333,4.444
\end{filecontents}

\documentclass{article}
\usepackage{csvsimple}
\begin{document}
\begin{table}
\centering
    \caption{A table imported from csv file}
    \label{labeloftable1}
    \csvreader[tabular=|l|l|l|,
    table head=\hline & column1 & column2\\\hline,
```

```
late after line=\\\hline]  % 表格属性设置
{dataimport.csv}  % csv 文件名
{COLUMNa =\ca, COLUMNb =\cb, COLUMNc =\cc, COLUMNd =\cd}  % 定义数据列名
{\thecsvrow & \ca & \cb}  % 需要导入的数据列名
\end{table}
\end{document}
```

编译上述代码，得到的表格如图 5-36 所示。

Table 1: A table imported from csv file

	column1	column2
1	1.1	2.2
2	11.1	22.2
3	1.111	2.222

图 5-36　编译后的表格

第 6 章

插 入 图 形

图形是论文中描述实验结果及相关情况的一种重要方式，也是论文中经常使用的一种特殊的信息语言。一般来说，在科技论文中，正确地使用图形来辅助论文内容的理解与结果的表达，可以更直观地展现论文内容，从而帮助我们得出正确结论。在进行科研数据分析时，使用图形能直观地反映变量与变量之间的关系，且能清楚地表达某一变量的发展趋势。很多时候图形能帮助读者领会文字难以表达的内容，同样重要的是它往往可以起到减少篇幅、方便读者阅读的作用。由于许多图形是在做实验时用相应的软件生成的，因此我们在撰写论文时需要将其插入文档中。在这种情况下，使用 LaTeX 可以帮助我们轻松插入 PDF、JPG 及 PNG 等常用格式的图形。

本章将介绍如何在 LaTeX 中插入图形，内容主要包括基本的插图方式、调整插图样式、插入子图及排列格式调整四部分。

6.1　基本插图方式

在 LaTeX 中制作文档时，可以使用特定的环境和命令插入图形，但需要注意的是，LaTeX 只支持一些常见的图形文件格式，如 PDF、JPG、JPEG 和 PNG。在众多图形格式中，SVG 格式的矢量图可以有效避免图形失真，但 LaTeX 不支持 SVG 格式。因此，我们会将 SVG 格式转换成 PDF 格式或者 TikZ 中的 PGF 格式。对不同类型的图形，我们在使用前需要做一些基本处理，下面分别加以说明。

- 绘制的图形。例如，对 Python、Matlab 等程序绘制的图形，我们通常选择将其保存为 PDF 格式的文件，因为在插入图形时，PDF 格式的图片质量优于 PNG 等格式的。
- 截图。我们一般将截图保存为 PNG 格式的文件。另外，在 LaTeX 中插入这类图片之前，不宜随意改变图形的尺寸。

6.1.1 插入浮动图片

1. graphicx 宏包

graphicx 是在 LaTeX 中插入图片时使用的标准宏包，也是最为常用的宏包。使用该宏包插入图片，首先，我们需要在前导代码中声明使用 graphicx 宏包，对应的命令为 \usepackage{graphicx}；然后，在需要插图的位置插入对应的图片，基本命令为 \includegraphics{filename}。

【例 6-1】使用 graphicx 宏包中的 \includegraphics 命令插入图片 butterfly.JPG，代码如下所示。

```
\documentclass[12pt]{article}
\usepackage{graphicx}
\begin{document}

This is a beautiful figure.

\includegraphics[width = 0.5\textwidth]{graphics/butterfly.JPG}
\end{document}
```

编译后的插图效果如图 6-1 所示。

图 6-1　编译后的插图效果

2. figure 环境

graphicx 宏包提供了 figure 环境，通过它嵌套 \includegraphics 命令，我们可以将图片以浮动体的形式插入，从而实现自动递增编号、设置位置控制参数、利用 \caption 命令创建标题名称等。

【例 6-2】 使用 figure 环境插入图片 butterfly.JPG，代码如下所示。

```
\documentclass[12pt]{article}
\usepackage{graphicx}
\begin{document}

\begin{figure}
\centering
\includegraphics[width = 0.5\textwidth]{graphics/butterfly.JPG}
\caption{There is a beautiful butterfly.}
\label{butterfly}
\end{figure}

\end{document}
```

编译后的插图效果如图 6-2 所示。

Figure 1：There is a beautiful butterfly.

图 6-2　编译后的插图效果

6.1.2　插入非浮动图片

使用 figure 环境插入图片虽然能够实现自动编号和创建图片标题，但创建结果为浮动图片，图片的显示位置与在代码中的位置未必一致。然而有时我们想要以非浮动体的形式插入图片，使得图片的显示位置与在代码中的位置一致，同时能够使图片自动编号和创建标题，要达到这一效果，我们可以使用 minipage 环境或 center 环境替代 figure 环境插入图片，并使用 caption 宏包提供的 \captionof{figure}{ 图片标题名称 } 命令创建图片标题。

1. minipage 环境

使用 minipage 环境插入图片的方式与 figure 环境类似，不同之处主要在于使用 minipage 环境插入的图片与上下文中的文本内容紧挨着。为了避免出现这种情况，我们可以在 minipage 环境前后使用 \vspace{ 纵向距离 } 命令调整图片与文本的纵向距离。

【例 6-3】使用 minipage 环境取代 figure 环境插入非浮动图片，使用 \captionof 命令创建图片标题，并使用 \vspace 命令调整图片与文本的纵向距离，代码如下所示。

```
\documentclass[12pt]{article}
\usepackage{graphicx}
\usepackage{caption}
\begin{document}
Figure \ref{fig:1} shows a beautiful butterfly.

\vspace{12pt}

\begin{minipage}{\linewidth}
\centering
    \includegraphics[width = 0.6\linewidth]{butterfly.JPG}
    \captionof{figure}{A beautiful butterfly.}
    \label{fig:1}
\end{minipage}

\vspace{12pt}

According to the picture, we know ...
\end{document}
```

编译后的插图效果如图 6-3 所示。

Figure 1 shows a beautiful butterfly.

Figure 1：A beautiful butterfly.

According to the picture, we know...

图 6-3　编译后的插图效果

2. center 环境

我们也可以使用 center 环境取代 minipage 环境插入非浮动图片。使用 center 环境插入图片，则图片可以自动居中放置。

【例 6-4】使用 center 环境取代 figure 环境插入非浮动图片，并使用 \captionof 命令创建图片标题，代码如下所示。

```
\documentclass[12pt]{article}
\usepackage{graphicx}
\usepackage{caption}
\begin{document}

Figure \ref{fig:1} shows a beautiful butterfly.

\begin{center}
\includegraphics[width = 0.6\linewidth]{butterfly.JPG}
\captionof{figure}{A beautiful butterfly.}
\label{fig:1}
\end{center}

According to the picture, we know ...

\end{document}
```

编译后的插图效果如图 6-4 所示。

Figure 1 shows a beautiful butterfly.

Figure 1： A beautiful butterfly.

According to the picture, we know...

图 6-4　编译后的插图效果

6.2　调整插图样式

6.2.1　图片样式调整

1. 基本格式调整

在 graphicx 宏包中，我们可通过设置参数来调整图片样式。常用参数包括以下几项。

- width：设置图片宽度。
- height：设置图片高。
- scale：设置图片的缩放倍数。
- angle：设置图片的顺时针旋转角度（负值表示逆时针旋转）等。

就参数 height 和 width 来说，我们通常只需要调整其中一个即可，另一个参数将根据图片比例自动缩放。而如果同时调整了参数 height 和 width（不推荐），则可能会改变图片比例，导致图片变形。比如，我们可以在 \includegraphics[参数设置]{graphics/ 图片名称 } 命令的中括号（参数设置）位置设置宽度和高度，以及让图片旋转。

【例 6-5】设置图片宽度为页面文本宽度的 0.5 倍，高度按比例自动调整，插入另一个旋转 90 度的图片，代码如下所示。

```
\documentclass[12pt]{article}
```

```
\usepackage{graphicx}
\begin{document}
This is a beautiful figure, the width of the figure is half of the
document.
\includegraphics[width = 0.5\textwidth]{graphics/butterfly.JPG}
Rotate the figure by 90 degrees and then.
\includegraphics[width = 0.5\textwidth,angle = 90]{graphics/butterfly.
JPG}
\end{document}
```

编译后的插图效果如图 6-5 所示。

This is a beautiful figure, the width of the figure is half of the document.

Rotate the figure by 90 degrees and then.

图 6-5　编译后的插图效果

在 figure 环境中，我们可以用居中对齐命令让图片居中，可以预先定义图片摆放位置，也可以为图片加注释、编号甚至索引。

【例 6-6】在 figure 环境中使用 \includegraphics 命令插入图片 butterfly.JPG（图片的宽度设置为页面文本宽度的 0.8 倍），并将图片居中对齐，同时添加图片的注释和标签，代码如下所示。

```
\documentclass[12pt]{article}
\usepackage{graphicx}
\begin{document}
This is a beautiful figure that is 0.8 times the width of the document
and is centered.
\begin{figure}
\centering
\includegraphics[width = 0.8\textwidth]{graphics/butterfly.JPG}
\caption{There is a beautiful butterfly.}
\label{butterfly}
\end{figure}
\end{document}
```

编译后的插图效果如图 6-6 所示。

Figure 1: There is a beautiful butterfly.

This is a beautiful figure that is 0.8 times the width of the document and is centered.

图 6-6　编译后的插图效果

在例 2 中，\caption{} 命令用于注释图片，而 \label{} 命令则用于标记图片，以便于在正文中引用图片。

2. 位置自动化调整

实现图片位置的自动化对于文档排版至关重要，当我们使用 \includegraphics 命令插入图片时，如果当前页面没有足够的空间用于摆放这张图片，那么这张图片很可能会自动摆放到下一页，并给当前页面留下一片空白区域。当图片数量很多时，文档的排版效果必然大打折扣。因此，我们需要让图片的位置摆放实现自动化。在 figure 环境中，可以将图片的位置自动化设置为 htbp!，它是由四个英文单词的首写字母组成的，这四个单词分别是 here（当前位置）、top（顶部）、bottom（底部）和 page（下一页）。这种设置比较灵活。当然，我们也可以将位置自动化设置成 h!、t!、b! 和 p!，它们分别对应当前位置、顶部、底部和下一页。

【例 6-7】在 figure 环境中使用 \includegraphics 命令插入图片 butterfly.JPG，并将图片的位置自动化设置为 htbp!，代码如下所示。

```
\documentclass[12pt]{article}
\usepackage{graphicx}
\begin{document}
This is a beautiful figure, the width of the image is 0.8 times the width
of the document, centered and the position is automatically adjusted.
\begin{figure}[htbp!]
\centering
\includegraphics[width = 0.8\textwidth]{graphics/butterfly.JPG}
\caption{There is a beautiful butterfly.}
\label{butterfly}
\end{figure}
\end{document}
```

编译后的插图效果如图 6-7 所示。

This is a beautiful figu, the width of the image is 0.8 times the width of
the document, centered and the position is automatically adjusted.

Figure 1: There is a beautiful butterfly.

图 6-7　编译后的插图效果

3. 增加边框

使用 \includegraphics 命令时，除了可以调整图片的尺寸和位置，我们也可以自定义图片边框。设置边框时，除了要使用 xcolor 宏包的 \usepackage{xcolor} 命令定义颜色，还要使用 adjustbox 宏包的 \usepackage[export]{adjustbox} 命令生成边框。

【例 6-8】插入图片 butterfly.JPG，并增加红色边框，线条粗细为 0.5mm，代码如下所示。

```
\documentclass[12pt]{article}
\usepackage{graphicx}
\usepackage{xcolor}
\usepackage[export]{adjustbox}
\begin{document}
This is a beautiful figure with a width of 0.8 times that of the document,
centered, positioned automatically, and with an added red border with a line
thickness of 0.5 mm.
\begin{figure}[htbp!]
\centering
\includegraphics[width = 0.8\textwidth, cframe = red 0.5mm]{graphics/
butterfly.JPG}
\caption{There is a beautiful butterfly.}
\label{butterfly}
\end{figure}
\end{document}
```

编译后的插图效果如图 6-8 所示。

This is a beautiful figure with a width of 0.8 times that of the document, centered, positioned automatically, and with an added red border with a line thickness of 0.5 mm.

Figure 1: There is a beautiful butterfly.

图 6-8　编译后的插图效果

6.2.2　标题样式调整

使用 \caption 命令为浮动图片或者浮动表格创建的标题主要包含四部分：①标题头部，②自动编号，③编号分隔符，④标题名称。详情如图 6-9 所示。其中，设置标题名称比较简单，下面分别就标题前三部分的调整方式展开介绍。

Figure 1:　The first figure.
　①　②③　　④
图 6-9　图片标题的四个部分示意图

1. 调整标题头部

默认情况下，图片标题头部分别为 Figure 和 Table，我们可以分别使用 \renewcommand {\figurename}{ 新的图片标题头部 } 和 \renewcommand{\tablename}{ 新的表格标题头部 } 命令对其进行修改。

【**例** 6-9】使用 \renewcommand 命令将图片标题头部改为 Fig，代码如下所示。

```
\documentclass[12pt]{article}
\usepackage{graphicx}
\renewcommand{\figurename}{Fig}
\begin{document}

\begin{figure}
\centering
\includegraphics[width = 0.5\textwidth]{graphics/butterfly.JPG}
\caption{There is a beautiful butterfly.}
\label{butterfly}
\end{figure}

\end{document}
```

编译后的图片标题如图 6-10 所示。

Fig 1:　There is a beautiful butterfly.
图 6-10　编译后的图片标题

2. 调整编号

创建浮动表格或者浮动图片时，LaTeX 会根据内置的计数器自动对其进行递增计数。

计数值即为图表标题编号和引用编号，默认为小写的阿拉伯数字。

如果需要取消图表的自动编号，可以使用 caption 宏包提供的 \captionsetup[浮动体类型]{labelformat=empty} 命令。其中，浮动体类型可以为 figure、subfigure、table 或 subtable，分别表示图片、子图、表格和子表。使用该命令后，指定浮动体类型下的所有浮动体将取消自动编号，但其标题和编号仍会显示在图表目录中。

【例 6-10】使用 \caption* 命令取消部分表格的自动编号，同时使用 \captionsetup 命令取消所有图片的自动编号，代码如下所示。

```
\documentclass{article}
\usepackage{graphicx}
\usepackage{caption}
\begin{document}

\captionsetup[figure]{labelformat=empty}  % 取消所有图片的自动编号

Here are three created tables...
\begin{table}[h!]
% ...
\caption{The first table.}
\caption*{The second table.}  % 取消该标题的自动编号
\caption{The third table.}
\end{table}

Here are three inserted figures...
\begin{figure}[h!]
% ...
\caption{The first figure.}
\caption{The second figure.}
\caption{The third figure.}
% ...
\end{figure}

\end{document}
```

编译后的图表标题如图 6-11 所示。

Here are three created tables...

Table 1: The first table.

The second table.

Table 2: The third table.

Here are three inserted figures...

The first figure.

The second figure.

The third figure.

图 6-11　编译后的图表标题

如果要修改图表编号样式，那么可以在导言区使用 \renewcommand{浮动体的自动计数器}{计数器样式}命令。其中，浮动体的自动计数器名称可以为 \thefigure、\thesubfigure、\thetable 或 \thesubtable；定义计数器样式可以使用 \alph{浮动体类型}、\Alph{浮动体类型}、\Roman{浮动体类型}、\arabic{浮动体类型}等命令。

【例 6-11】使用 \renewcommand 命令调整图表标题头部和编号样式，代码如下所示。

```
\documentclass{article}
\usepackage{graphicx}
\renewcommand{\figurename}{Fig} % 调整图片头部
\renewcommand{\tablename}{Tab} % 调整新表格头部
\renewcommand{\thefigure}{\Alph{figure}} % 调整图片编号样式为大写字母
\renewcommand{\thetable}{\alph{table}} % 调整表格编号样式为小写字母
\begin{document}

Here are three created tables...
\begin{table}[h!]
% ...
\caption{The first table.}
\caption{The second table.}
\caption{The third table.}
\end{table}

Here are three inserted figures...
\begin{figure}[h!]
% ...
```

```
\caption{The first figure.}
\caption{The second figure.}
\caption{The third figure.}
% ...
\end{figure}

\end{document}
```

编译后的图表标题如图 6-12 所示。

Here are three created tables...

Tab a: The first table.

Tab b: The second table.

Tab c: The third table.

Here are three inserted figures...

Fig A: The first figure.

Fig B: The second figure.

Fig C: The third figure.

图 6-12　编译后的图表标题

3. 调整编号分隔符

图表中的编号分隔符默认为英文冒号 ":"，如果要对其进行调整，那么可以使用 caption 宏包提供的 \captionsetup[浮动体类型]{ 设置 labelsep 选项 } 命令。通过设置不同的 labelsep 选项，可实现编号分隔符调整。各选项及其含义如下。

- colon：默认值，即英文冒号 ":"。
- none：无编号分隔符。
- period：英文句号 "."。
- space：一个空格。
- quad：一个字符 "M" 大小的空格。
- newline：换行。

【例 6-12】使用 caption 宏包将图片标题编号分隔符调整为换行，代码如下所示。

```
\documentclass[12pt]{article}

\usepackage{graphicx}
```

```
\usepackage{caption}
\renewcommand{\figurename}{Fig}
\captionsetup[figure]{labelsep=newline}

\begin{document}

\begin{figure}
\centering
\includegraphics[width = 0.5\textwidth]{graphics/butterfly.JPG}
\caption{There is a beautiful butterfly.}
\label{butterfly}
\end{figure}

\end{document}
```

编译后的图表标题如图 6-13 所示。

图 6-13　编译后的图表标题

6.2.3　目录样式调整

使用 \listoffigures 和 \listoftables 命令，可以插入图目录和表目录，并可以罗列 \caption 命令创建的图表标题名称，但使用 \caption* 命令创建的无编号的标题名称则不会出现在目录中。

在一份专业文档中，目录总是和正文内容在不同页显示，因此我们可以使用 \newpage 命令将二者进行分页。此外，目录页中一般无页码编号，为此可以使用 \thispagestyle {empty} 命令取消当页页码设置，并在正文页之前使用 \pagenumbering{页码样式} 命令以重新从 1 开始设置页码及页码样式。

默认的图目录名和表目录名分别是"List of Figures"和"List of Tables"，可以在导言区使用 \renewcommand{\listfigurename}{新图目录名} 命令修改图目录名，使用 \renewcommand{\listtablename}{新表目录名} 命令修改表目录名。

【例 6-13】使用 \listoffigures 命令创建图目录，并用 \listoftables 命令创建表目录，使用 \renewcommand 命令修改图目录名和表目录名，并使用 \newpage、\thispagestyle 和 \pagenumbering 命令对目录从 1 开始设置页码，代码如下所示。

```
\documentclass{article}
\usepackage{graphicx}

\renewcommand{\listfigurename}{Figures}
\renewcommand{\listtablename}{Tables}

\begin{document}

\thispagestyle{empty}  % 取消页码编号

\listoffigures
\listoftables

\newpage   % 插入新页
\pagenumbering{arabic}   % 设置页码样式为小写的阿拉伯数字

Here are three created tables...
\begin{table}[h!]
% ...
\caption{The first table.}
\caption{The second table.}
\caption{The third table.}
\end{table}

Here are three inserted figures...
\begin{figure}[h!]
% ...
\caption{The first figure.}
\caption*{The second figure.}
```

```
\caption{The third figure.}
% ...
\end{figure}

\end{document}
```

编译后的图表目录如图 6-14 所示。

Figures

1 The first figure. 1
2 The third figure. 1

Tables

1 The first table. 1
2 The second table. 1
3 The third table. 1

图 6-14 编译后的图表目录

6.3 插入子图

有时候我们需要将一组图片以子图的方式呈现，以达到对比或者互补的效果。这时，我们可以在 LaTeX 中使用 subfigure 环境，从而插入子图。

6.3.1 基本介绍

子图一般在 subfigure 环境中创建，多个子图环境嵌套在 figure 环境中可形成同一组子图。subfigure 环境与 figure 环境的使用方式基本类似，它们可以为每个子图分别创建标题和索引标签，以方便说明和引用。

【例 6-14】 在导言区使用 \usepackage{subcaption} 命令，在代码主体区域使用 figure 环境嵌套三个 subfigure 环境创建三个子图，并为各子图分别创建索引和标题，代码如下所示。

```
\documentclass[12pt]{article}
\usepackage{graphicx}
\usepackage{subcaption}
\begin{document}
```

Figure \ref{fig:fig1} contains sub-figure \ref{subfig:subfig1}, sub-figure
\ref{subfig:subfig2} and sub-figure \ref{subfig:subfig3}.

```
\begin{figure}[h!]
\centering
    % 插入第一张子图
    \begin{subfigure}{.3\linewidth}
        \centering
        \includegraphics[width=.5\linewidth]{redflower.png}
        \caption{A red flower.}
        \label{subfig:subfig1}
    \end{subfigure}
    % 插入第二张子图
    \begin{subfigure}{.3\linewidth}
        \centering
        \includegraphics[width=.5\linewidth]{yellowFlower.png}
        \caption{A yellow flower.}
        \label{subfig:subfig2}
    \end{subfigure}
    % 插入第三张子图
    \begin{subfigure}{.3\linewidth}
        \centering
        \includegraphics[width=.5\linewidth]{blueFlower.png}
        \caption{A blue flower.}
        \label{subfig:subfig3}
    \end{subfigure}
\caption{Three flowers with different colors.}
\label{fig:fig1}
\end{figure}

\end{document}
```

编译后的插图效果如图 6-15 所示。

Figure 1 contains sub-figure 1a, sub-figure 1b and sub-figure 1c.

(a) A red flower.　　(b) A yellow flower.　　(c) A blue flower.

Figure 1: Three flowers with different colors.

图 6-15　编译后的插图效果

在上例中，每个子图都用到了两次宽度设置选项。它们具有不同的含义，具体如下。

- \begin{subfigure}{.3\linewidth} 表示将该子图环境的宽度设置为页面宽度的 0.4 倍。
- \includegraphics[width=.5\linewidth] 表示将该图片的宽度设置为当前子图环境宽度的 0.5 倍。

6.3.2　调整子图间距

通过调整子图的横向和纵向间距，可以创建更协调美观的图片。具体而言，可用以下三类命令调整图片的横向间距。

- \hfill：对于位于相同行的子图，通过在相邻的 subfigure 环境间使用该命令，可以实现多个子图横向等距分布的效果。通过调整子图环境的宽度，可以让子图位于相同行。
- \hspace{横向距离}：定制任意长度的横向图片距离。当该值设为负值时，可以产生图片重叠的效果。
- \quad、\qquad 等：设置不同预设长度的横向图片距离。

【例 6-15】使用 \hfill 命令实现子图横向等距分布，并使用 \hspace{} 命令实现子图重叠，代码如下所示。

```
\documentclass[12pt]{article}
\usepackage{graphicx}
\usepackage{subcaption}
\usepackage{amssymb}
\usepackage{amsmath}
\begin{document}

% 使用 \hfill 命令调整子图横向间距
```

The horizontal space among Sub-figures in figure \ref{fig:fig1} is controlled by $\backslash$\textit{hfill}.

```
\begin{figure}[h!]
\centering
    % 插入第一张子图
    \begin{subfigure}{.3\linewidth}
        \centering
        \includegraphics[width=.5\linewidth]{redflower.png}
        \caption{A red flower.}
    \end{subfigure}
    \hfill
    % 插入第二张子图
    \begin{subfigure}{.3\linewidth}
        \centering
        \includegraphics[width=.5\linewidth]{yellowFlower.png}
        \caption{A yellow flower.}
    \end{subfigure}
    \hfill
    % 插入第三张子图
    \begin{subfigure}{.3\linewidth}
        \centering
        \includegraphics[width=.5\linewidth]{blueFlower.png}
        \caption{A blue flower.}
    \end{subfigure}
\caption{Three flowers with different colors.}
\label{fig:fig1}
\end{figure}

% 使用 \space{} 命令调整子图横向间距
```

The horizontal space among Sub-figures in figure \ref{fig:fig2} is controlled by $\backslash$\textit{space}.

```
\begin{figure}[h!]
\centering
    % 插入第一张子图
    \begin{subfigure}{.3\linewidth}
```

```
        \centering
        \includegraphics[width=.5\linewidth]{redflower.png}
    \end{subfigure}
    \hspace{-5cm}
    % 插入第二张子图
    \begin{subfigure}{.3\linewidth}
        \centering
        \includegraphics[width=.5\linewidth]{yellowFlower.png}
    \end{subfigure}
    \hspace{-5cm}
    % 插入第三张子图
    \begin{subfigure}{.3\linewidth}
        \centering
        \includegraphics[width=.5\linewidth]{blueFlower.png}
    \end{subfigure}
\caption{Three flowers with different colors.}
\label{fig:fig2}
\end{figure}

\end{document}
```

编译后的插图效果如图 6-16 所示。

The horizontal space among Sub-figures in figure 1 is controlled by \hfill.

(a) A red flower.　　　(b) A yellow flower.　　　(c) A blue flower.

Figure 1: Three flowers with different colors.

The horizontal space among Sub-figures in figure 2 is controlled by \space.

Figure 2: Three flowers with different colors.

图 6-16　编译后的插图效果

想让图片实现纵向等距分布，可以使用 \vfill 命令。

【例 6-16】使用 \vfill 命令实现子图纵向等距分布，代码如下所示。

```
\documentclass[12pt]{article}
\usepackage{graphicx}
\usepackage{subcaption}
\begin{document}

\begin{figure}[h!]
\centering
        % 插入第一张子图
    \begin{subfigure}{.3\linewidth}
        \centering
        \includegraphics[width=.5\linewidth]{redflower.png}
        \caption{A red flower.}
    \end{subfigure}
    \vfill
            % 插入第二张子图
    \begin{subfigure}{.3\linewidth}
        \centering
        \includegraphics[width=.5\linewidth]{yellowFlower.png}
        \caption{A yellow flower.}
    \end{subfigure}
    \vfill
            % 插入第三张子图
    \begin{subfigure}{.3\linewidth}
        \centering
        \includegraphics[width=.5\linewidth]{blueFlower.png}
        \caption{A blue flower.}
    \end{subfigure}
\caption{Three flowers with different colors.}
\label{fig:fig1}
\end{figure}

\end{document}
```

编译后的插图效果如图 6-17 所示。

(a) A red flower.

(b) A yellow flower.

(c) A blue flower.

Figure 1: Three flowers with different colors.

图 6-17 编译后的插图效果

6.4 排列格式调整

6.4.1 图片并排

当我们需要将多个图片放在同一行进行排列以便于比较时，可在 figure 环境中使用 minnipage 环境。这样做可实现图片并排显示并连续编号。

【例 6-17】在 figure 环境中直接实现图片并排显示，代码如下所示。

```
\documentclass[11pt]{article}
\usepackage{graphicx}
\begin{document}
The two figures are displayed side by side.
\begin{figure}[htbp]
\centering
\begin{minipage}[t]{0.48\textwidth}
\centering
\includegraphics[width=6cm]{graphics/butterfly.jpg}
\caption{Butterfly-1}
\end{minipage}
```

```
\begin{minipage}[t]{0.48\textwidth}
\centering
\includegraphics[width=6cm]{graphics/butterfly.jpg}
\caption{Butterfly-2}
\end{minipage}
\end{figure}
\end{document}
```

编译后的插图效果如图 6-18 所示。

Thc two figures are displayed sidc by sidc.

Figure 1: Butterfly-1   Figure 2: Butterfly-2

图 6-18　编译后的插图效果

6.4.2　位置调整

插入图片之后，我们需要对图片的位置进行设置，设置方法与前面调整表格位置的方法相似，即使用 figure 环境。具体来说是通过命令 \begin{figure}[] 对中括号中的参数进行设置。其中，参数包括：h，将浮动元素的位置设定为 here（这里），一般位于其在文档中出现的位置；t，将浮动元素的位置设定为页面的上方（top）；b，将浮动元素的位置设定为页面的底部（bottom）；p，将浮动元素仅放置在一个特殊的页面；!，可以重新设置 LaTeX 的一个内部参数；H，将浮动元素精确地放置于它在文本中所出现的位置。

【例 6-18】将图片设置在页面上方，代码如下所示。

```
\documentclass[12pt]{article}
\usepackage{graphicx}
\begin{document}

There is a blue and black butterfly dancing among the colorful flowers.
```

```
\begin{figure}[t!]
\centering
\includegraphics[width = 0.5\textwidth]{graphics/butterfly.JPG}
\caption{There is a beautiful butterfly.}
\label{butterfly}
\end{figure}
\end{document}
```

编译后的插图效果如图 6-19 所示。

图 6-19　编译后的插图效果

与表格位置的调整类似，设置图片位置为文字环绕也要用到 wrapfig 宏包，使用 \begin{wrapfigure}{ 位置 }{ 大小 }、\end{wrapfigure} 环境。

【例 6-19】使用 wrapfig 宏包将图片位置设置为文字环绕，代码如下所示。

```
\documentclass[12pt]{article}
\usepackage{graphicx}
\usepackage{wrapfig}
\begin{document}

There is a blue and black butterfly dancing among the colorful flowers.
```

```
\begin{wrapfigure}{r}{8cm}
\centering
\includegraphics[width =0.35\textwidth]{graphics/butterfly.JPG}
\caption{There is a beautiful butterfly.}
\label{butterfly}
\end{wrapfigure}
```

In descriptive statistics, a box plot or boxplot is a method for graphically depicting groups of numerical data through their quartiles. Box plots may also have lines extending from the boxes (whiskers) indicating variability outside the upper and lower quartiles, hence the terms box-and-whisker plot and box-and-whisker diagram. Outliers may be plotted as individual points. Box plots are non-parametric: they display variation in samples of a statistical population without making any assumptions of the underlying statistical distribution (though Tukey's boxplot assumes symmetry for the whiskers and normality for their length).

```
\end{document}
```

编译后的插图效果如图 6-20 所示。

图 6-20　编译后的插图效果

第 7 章

图 形 绘 制

科技绘图是论文中不可或缺的重要部分，因为信息丰富的图形一方面可以达到很好的视觉效果，另一方面也能让读者更为直观地理解一些复杂的问题、过程及结果。我们要想在高质量期刊上发表学术论文，除了需要对论文本身的贡献和质量有严格的把控外，通常还需要用一些高质量的配图直观地阐述一些复杂的原理或者实验结果，提高读者的阅读体验。

因此，我们应该对论文中的图形绘制予以足够的重视。如果需要，花费足够的时间和精力去绘制图形也是值得的，因为这既能加深我们自己对研究的认识和理解，也能提高审稿人和读者的阅读体验。一般而言，在科技论文中，制作图形的步骤可以大致概括为确定绘图内容、设计图形雏形、完善图形细节、根据内容适当调整图形等。

本章将从线条、节点、图形及各种表达效果调整等多个方面对如何使用 LaTeX 绘制图形进行介绍。

7.1 基 本 介 绍

tikz 宏包是在 LaTeX 中绘制图形的最复杂和最强大的工具。在本节中，我们将通过一些简单的示例来介绍如何在 tikzpicture 环境中绘制基本的图形，如线、点、曲线、圆、矩形等。

7.1.1 使用 tikzpicture 环境绘制图形

使用 tikzpicture 环境绘制图形，我们需要通过 \usepackage{tikz} 命令调用 tikz 宏包，声明 tikzpicture 环境。在此我们先给出两个用 tikz 绘图的例子，其后再详细介绍绘图命令。

【例 7-1】使用 tikzpicture 环境绘制一个简单的图形，代码如下所示。

```
\documentclass[12pt]{article}
\usepackage{tikz}
\begin{document}
\begin{tikzpicture}
    \draw[red,fill=red] (0,0) .. controls (0,0.75) and (-1.5,1.00) ..
(-1.5,2) arc (180:0:0.75) -- cycle;
    \draw[red,fill=red] (0,0) .. controls (0,0.75) and ( 1.5,1.00) ..
( 1.5,2) arc (0:180:0.75) -- cycle;
\end{tikzpicture}
\end{document}
```

编译上述代码，得到的图形如图 7-1 所示。

图 7-1　编译后的图形

【例 7-2】使用 tikz 宏包中的 tikzpicture 环境绘制一个张量网络图，代码如下所示。

```
\documentclass[border=0.3cm, 11pt]{standalone}
\usepackage{tikz}
\usepackage{amsmath, amssymb, amsfonts}
\usepackage{color}
\begin{document}
\begin{tikzpicture}
\node[circle, line width = 0.4mm, draw = black, fill = red!45, inner sep =
0pt, minimum size = 0.4cm] (w) at (0, 0) {};
    \node at (0, 0.5) {\small{$\boldsymbol{W}$}};
    \node[circle, line width = 0.4mm, draw = black, fill = red!45, inner sep =
0pt, minimum size = 0.4cm] (g) at (1.5, 0) {};
    \node at (1.5, 0.5) {\small{$\boldsymbol{\mathcal{G}}$}};
```

```
\node[circle, line width = 0.4mm, draw = black, fill = red!45, inner sep =
0pt, minimum size = 0.4cm] (v) at (3, 0) {};
    \node at (3, 0.5) {\small{$\boldsymbol{V}$}};
    \path [draw, line width = 0.4mm, -] (w) edge (g);
    \node at (0.75, 0.25) {\small{$R$}};
    \path [draw, line width = 0.4mm, -] (g) edge (v);
    \node at (2.25, 0.25) {\small{$K$}};
    \draw [line width = 0.4mm] (w) -- (0, -0.8);
    \node at (-0.25, -0.4) {\small{$N$}};
    \draw [line width = 0.4mm] (g) -- (1.5, -0.8);
    \node at (1.5-0.25, -0.4) {\small{$N$}};
    \draw [line width = 0.4mm] (v) -- (3, -0.8);
    \node at (3-0.25, -0.4) {\small{$d$}};
\end{tikzpicture}
\end{document}
```

编译上述代码，得到的图形如图 7-2 所示。

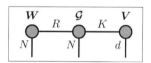

图 7-2　编译后的图形

7.1.2　绘制直线

我们在以上两个示例中可以感受到 tikz 宏包功能的强大。但是，这些复杂的图形都由最基本的点、线和面构成。在本小节中，我们将从绘制一条直线开始学习这个强大的 LaTeX 绘图工具。画一条直线需要给出起止点坐标，我们可以简单地通过如下代码来绘制一条从（**x1,y1**）（x1,y1）到（**x2,y2**）（x2,y2）的直线。

```
\begin{tikzpicture}
    \draw (x1,y1) -- (x2,y2); % 这里 (x1,y1) 和 (x2,y2) 在编译时均需替换成具体
坐标数值。
\end{tikzpicture}
```

值得注意的是，在默认情况下，坐标系均以 cm 为单位。

【**例 7-3**】尝试绘制一条直线，代码如下所示。

```
\documentclass[12pt]{article}
\usepackage{tikz}
\begin{document}
\begin{tikzpicture}
    \draw (-2,0) -- (2,0);
\end{tikzpicture}
\end{document}
```

编译上述代码，得到的图形如图 7-3 所示。

图 7-3　编译后的图形

我们还可以通过设定一系列的坐标点来实现多条线段的连续绘制。

【例 7-4】连续绘制多条线段，代码如下所示。

```
\documentclass[12pt]{article}
\usepackage{tikz}
\begin{document}
\begin{tikzpicture}
    \draw (-2,0) -- (2,0) -- (2,2) -- (-2,2) -- (-2,0);
\end{tikzpicture}
\end{document}
```

编译上述代码，得到的图形如图 7-4 所示。

图 7-4　编译后的图形

我们也可以通过增加多行命令来实现多段线条的分开绘制。

【例 7-5】分开绘制多段线条，代码如下所示。

```
\documentclass[12pt]{article}
\usepackage{tikz}
\begin{document}
```

```
\begin{tikzpicture}
    \draw (-2,0) -- (2,0) -- (2,2) -- (-2,2) -- (-2,0);
    \draw (0,4) -- (0,-2);
    \draw (3,-2) -- (3,4) -- (7,4) -- (7,-2) -- (3,-2);
    \draw (4,3) -- (6,3); \draw (4,1) -- (6,1); \draw (4,-1) -- (6,-1);
    \draw (5,3) -- (5,-1); \draw (5.75,0.25) -- (6.25,-0.25);
\end{tikzpicture}
\end{document}
```

编译上述代码，得到的图形如图 7-5 所示。

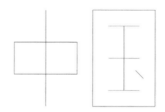

图 7-5　编译后的图形

值得注意的是，在 tikzpicture 环境中，像 matlab 语言一样，我们需要采用分号（即；）来标记一个指令的结束。这样的指令结束标记不但可以在多行完成一条指令，同时也可以在一行内完成多条指令。

7.1.3　图形缩放

在上小节中，我们绘制图形需要给出精确的坐标点。但是在绘制好之后，如果需要调整图形大小，那么我们可以用 scale 对图形进行缩放。

【例 7-6】整体缩放指定的图形，代码如下所示。

```
\documentclass[12pt]{article}
\usepackage{tikz}
\begin{document}
\begin{tikzpicture}[scale=0.5]
    \draw (-2,0) -- (2,0) -- (2,2) -- (-2,2) -- (-2,0);
    \draw (0,4) -- (0,-2);
    \draw (3,-2) -- (3,4) -- (7,4) -- (7,-2) -- (3,-2);
    \draw (4,3) -- (6,3); \draw (4,1) -- (6,1); \draw (4,-1) -- (6,-1);
    \draw (5,3) -- (5,-1); \draw (5.75,0.25) -- (6.25,-0.25);
```

```
\end{tikzpicture}
\end{document}
```

编译上述代码，得到的图形如图 7-6 所示。

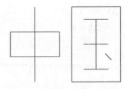

图 7-6　编译后的图形

【例 7-7】横向缩放指定的图形，代码如下所示。

```
\documentclass[12pt]{article}
\usepackage{tikz}
\begin{document}
\begin{tikzpicture}[xscale=1.5]
    \draw (-2,0) -- (2,0) -- (2,2) -- (-2,2) -- (-2,0);
    \draw (0,4) -- (0,-2);
    \draw (3,-2) -- (3,4) -- (7,4) -- (7,-2) -- (3,-2);
    \draw (4,3) -- (6,3); \draw (4,1) -- (6,1); \draw (4,-1) -- (6,-1);
    \draw (5,3) -- (5,-1); \draw (5.75,0.25) -- (6.25,-0.25);
\end{tikzpicture}
\end{document}
```

编译上述代码，得到的图形如图 7-7 所示。

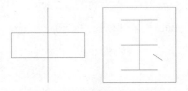

图 7-7　编译后的图形

【例 7-8】横纵缩放指定的图形，代码如下所示。

```
\documentclass[12pt]{article}
\usepackage{tikz}
\begin{document}
\begin{tikzpicture}[xscale=1.5, yscale = 2]
    \draw (-2,0) -- (2,0) -- (2,2) -- (-2,2) -- (-2,0);
```

```
    \draw (0,4) -- (0,-2);
    \draw (3,-2) -- (3,4) -- (7,4) -- (7,-2) -- (3,-2);
    \draw (4,3) -- (6,3); \draw (4,1) -- (6,1); \draw (4,-1) -- (6,-1);
    \draw (5,3) -- (5,-1); \draw (5.75,0.25) -- (6.25,-0.25);
\end{tikzpicture}
\end{document}
```

编译上述代码，得到的图形如图 7-8 所示。

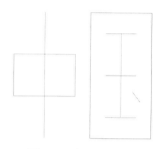

图 7-8　编译后的图形

7.1.4　绘制箭头

当我们需要通过绘制箭头来表达指向时，只需要在直线绘制的基础上增加 [option] 进行声明即可。

【例 7-9】绘制箭头，代码如下所示。

```
\documentclass[12pt]{article}
\usepackage{tikz}
\begin{document}
\begin{tikzpicture}
    \draw [->] (0,0) -- (2,0);
    \draw [<-] (0, -0.5) -- (2,-0.5);
    \draw [|->] (0,-1) -- (2,-1);
\end{tikzpicture}
\end{document}
```

编译上述代码，得到的图形如图 7-9 所示。

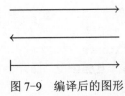

图 7-9　编译后的图形

【例 7-10】利用绘制箭头的例子及多条线段连续绘制的例子，用一行命令绘制一个直角坐标系，代码如下所示。

```
\documentclass[12pt]{article}
\usepackage{tikz}
\begin{document}
\begin{tikzpicture}
    \draw [<->] (0,2) -- (0,0) -- (3,0);
\end{tikzpicture}
\end{document}
```

编译上述代码，得到的图形如图 7-10 所示。

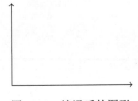

图 7-10　编译后的图形

7.1.5　调整线条粗细

使用 \draw 命令时，增加的 [option] 声明也可以用来调整线条的粗细。

【例 7-11】绘制不同粗细的线条，代码如下所示。

```
\documentclass[12pt]{article}
\usepackage{tikz}
\begin{document}
\begin{tikzpicture}
    \draw [ultra thick] (0,1) -- (2,1);
    \draw [thick] (0,0.5) -- (2,0.5);
    \draw [thin] (0,0) -- (2,0);
```

```
\end{tikzpicture}
\end{document}
```

编译上述代码，得到的图形如图 7-11 所示。

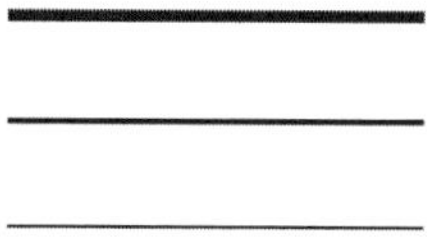

图 7-11　编译后的图形

其中，线条的粗细可以通过不同的命令来控制，从细到粗分别可调用以下命令：ultra thin，very thin，thin，semithick，thick，very thick，ultra thick。其效果分别如下例所示。

【例 7-12】绘制上述七种不同粗细的线条，代码如下所示。

```
\documentclass[12pt]{article}
\usepackage{tikz}
\begin{document}
\begin{tikzpicture}
    \draw [ultra thin] (0,0) -- (2,0);
    \draw [very thin] (0,0.5) -- (2,0.5);
    \draw [thin] (0,1) -- (2,1);
    \draw [semithick] (0,1.5) -- (2,1.5);
    \draw [thick] (0,2) -- (2,2);
    \draw [very thick] (0,2.5) -- (2,2.5);
    \draw [ultra thick] (0,3) -- (2,3);
\end{tikzpicture}
\end{document}
```

编译上述代码，得到的图形如图 7-12 所示。

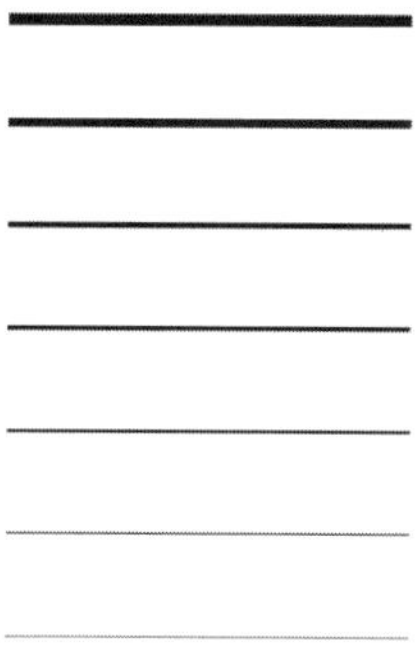

图 7-12　编译后的图形

除此之外，我们也可以自定义线条的粗细，如 [line width=5]、[line width=0.2cm]。值得注意的是，当我们直接声明数值而不声明单位时，其默认单位为 pt。

【例 7-13】使用自定式线条粗细命令绘制两条不同粗细的线条，代码如下所示。

```
\documentclass[12pt]{article}
\usepackage{tikz}
\begin{document}
\begin{tikzpicture}
    \draw [line width=3] (0,0) -- (2,0);
    \draw [line width=0.2cm] (0,0.5) -- (2,0.5);
\end{tikzpicture}
\end{document}
```

编译上述代码，得到的图形如图 7-13 所示。

图 7-13　编译后的图形

7.1.6　虚线

我们也可以在 [option] 声明中增加对线条形状的定义，如虚线 dashed 和点线 dotted。

【例 7-14】绘制虚线，代码如下所示。

```
\documentclass[12pt]{article}
\usepackage{tikz}
\begin{document}
\begin{tikzpicture}
    \draw [dashed, ultra thick] (0,1) -- (2,1); %我们可以通过组合多种 option
来声明线条的多种特征。
    \draw [dashed] (0, 0.5) -- (2,0.5);
    \draw [dotted] (0,0) -- (2,0);
\end{tikzpicture}
\end{document}
```

编译上述代码，得到的图形如图 7-14 所示。

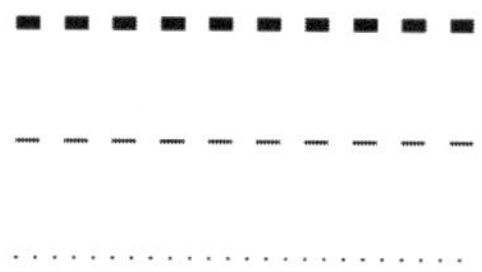

图 7-14　编译后的图形

7.1.7　颜色

我们也可以在 [option] 声明中增加对线条颜色的定义，如红色 red、绿色 green、蓝色 blue 等。

【例 7-15】绘制不同颜色的直线，代码如下所示。

```
\documentclass[12pt]{article}
\usepackage{tikz}
\begin{document}
\begin{tikzpicture}
    \draw [red] (0,1) -- (2,1);
    \draw [green] (0, 0.5) -- (2,0.5);
    \draw [blue] (0,0) -- (2,0);
\end{tikzpicture}
\end{document}
```

编译上述代码，得到的图形如图 7-15 所示。

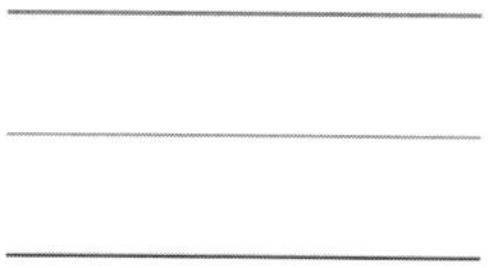

图 7-15　编译后的图形

7.2　节点介绍

节点是 tikz 宏包中的一个常用功能。在绘制节点时，我们通常需要声明其位置和形状，在部分节点中添加文字，同时也可以赋予节点一个名称，以便后续参考。在本节中，我们将详细介绍节点的相关功能及其应用。

7.2.1 节点基本介绍

【例 7-16】绘制节点，方法一，代码如下所示。

```
\documentclass[12pt]{article}
\usepackage{tikz}
\begin{document}
\begin{tikzpicture}
    \path (0,2) node [shape=circle,draw=blue!50,fill=blue!20,thick] {}
          (0,1) node [shape=circle,draw=blue!50,fill=blue!20,thick] {$C$}
          (0,0) node [shape=circle,draw=blue!50,fill=blue!20,thick] {}
          (1,1) node [shape=rectangle,draw=black!50,fill=black!20] {}
          (-1,1) node [shape=rectangle,draw=black!50,fill=black!20] {};
\end{tikzpicture}
\end{document}
```

【例 7-17】绘制节点，方法二，代码如下所示。

```
\documentclass[12pt]{article}
\usepackage{tikz}
\begin{document}
\begin{tikzpicture}
    \node [shape=circle,draw=blue!50,fill=blue!20,thick] at (0,2)  {};
    \node [shape=circle,draw=blue!50,fill=blue!20,thick] at (0,1) {$C$};
    \node [shape=circle,draw=blue!50,fill=blue!20,thick] at (0,0)  {};
    \node [shape=rectangle,draw=black!50,fill=black!20] at (1,1) {};
    \node [shape=rectangle,draw=black!50,fill=black!20] at (-1,1) {};
\end{tikzpicture}
\end{document}
```

编译上述代码，得到的图形如图 7-16 所示。

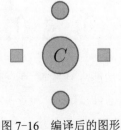

图 7-16　编译后的图形

这里需要注意的是，在 [shape=circle,draw=blue!50,fill=blue!20] 中，shape 命令声明节点形状，draw 命令声明是否显现该形状的边框，draw= 声明边框颜色，fill 命令指明该节点是否要填充，fill= 声明填充颜色。若要在节点中显示文字，只需在后面的 {} 中填写对应的文字即可。

7.2.2 节点样式

当某一种形状及颜色的节点需要在不同位置多次出现时，上述代码显得不够优美。这时我们只需用一段代码提前声明该节点的样式，并反复调用这段代码即可。

【例 7-18】绘制节点，方法三，代码如下所示。

```
\documentclass[12pt]{article}
\usepackage{tikz}
\begin{document}
\tikzstyle{aaa}=[circle,draw=blue!50,fill=blue!20,thick]
\tikzstyle{bbb}=[rectangle,draw=black!50,fill=black!20]
\begin{tikzpicture}
    \path (0,2) node [aaa] {}
          (0,1) node [aaa] {$C$}
          (0,0) node [aaa] {}
          (1,1) node [bbb] {}
          (-1,1) node [bbb] {};
\end{tikzpicture}
\end{document}
```

编译上述代码，得到的图形与图 7-16 所示相同。

7.2.3 节点命名

为了将节点相互连接起来，我们需要指明连接哪两个节点。因此，每个节点需要声明一个名称。声明名称有两种方式，一种是使用 name= 的方式，另一种是在 \node 后用括号声明，如 \node（name）。

【例 7-19】绘制节点，并声明节点名称，方法一，代码如下所示。

```
\documentclass[12pt]{article}
\usepackage{tikz}
```

```
\begin{document}
\tikzstyle{aaa}=[circle,draw=blue!50,fill=blue!20,thick]
\tikzstyle{bbb}=[rectangle,draw=black!50,fill=black!20]
\begin{tikzpicture}
    \path (0,2) node [aaa,name=a1] {}
          (0,1) node [aaa,name=a2] {$C$}
          (0,0) node [aaa,name=a3] {}
          (1,1) node [bbb,name=b1] {}
          (-1,1) node [bbb,name=b2] {};
\end{tikzpicture}
\end{document}
```

【例 7-20】绘制节点，并声明节点名称，方法二，代码如下所示。

```
\documentclass[12pt]{article}
\usepackage{tikz}
\begin{document}
\tikzstyle{aaa}=[circle,draw=blue!50,fill=blue!20,thick]
\tikzstyle{bbb}=[rectangle,draw=black!50,fill=black!20]
\begin{tikzpicture}
    \node (a1) [aaa] at (0,2)  {};
    \node (a2) [aaa] at (0,1) {$C$};
    \node (a3) [aaa] at (0,0)  {};
    \node (b1) [bbb] at (1,1) {};
    \node (b2) [bbb] at (-1,1) {};
\end{tikzpicture}
\end{document}
```

7.2.4 基于相对位置绘制节点

给每个节点命名后，我们便可以通过 above of（上）、below of（下）、left of（左）、right of（右）等命令来声明新节点与某个节点的相对位置，从而绘制图形。

【例 7-21】利用相对位置绘制节点，代码如下所示。

```
\documentclass[12pt]{article}
\usepackage{tikz}
\begin{document}
\tikzstyle{aaa}=[circle,draw=blue!50,fill=blue!20,thick]
```

```
\tikzstyle{bbb}=[rectangle,draw=black!50,fill=black!20]
\begin{tikzpicture}
    \node (a1) [aaa]                    {};
    \node (a2) [aaa]    [below of=a1] {$C$};
    \node (a3) [aaa]    [below of=a2] {};
    \node (b1) [bbb]    [right of=a2] {};
    \node (b2) [bbb]    [left  of=a2] {};
\end{tikzpicture}
\end{document}
```

编译上述代码，得到的图形与图 7-16 所示相同。

7.2.5 连接节点

有了节点名称，我们就可以连接节点。以连接 A 与 B 节点为例，在连接时，我们通常需要声明 A 节点的哪个位置与 B 节点的哪个位置连接，而声明位置通常使用 east（右）、west（左）、north（上）、south（下）、center（中心）等命令。

【例 7-22】利用相对位置连接节点，代码如下所示。

```
\documentclass[12pt]{article}
\usepackage{tikz}
\begin{document}
\tikzstyle{aaa}=[circle,draw=blue!50,fill=blue!20,thick]
\tikzstyle{bbb}=[rectangle,draw=black!50,fill=black!20]
\begin{tikzpicture}
    \node (a1) [aaa]                    {$a_1$};
    \node (a2) [aaa]    [below of=a1] {$C$};
    \node (a3) [aaa]    [below of=a2] {$a_3$};
    \node (b1) [bbb]    [right of=a2] {$b_1$};
    \node (b2) [bbb]    [left  of=a2] {$b_2$};
    \draw [->] (a2.west) -- (b2.east);
    \draw [->] (a2.east) -- (b1.west);
    \draw [->] (a2.north) -- (a1.south);
    \draw [->] (a2.south) -- (a3.north);
\end{tikzpicture}
\end{document}
```

以上代码的编译结果与下例相同。

【例 7-23】利用相对位置连接节点，不声明节点的连接位置，代码如下所示。

```
\documentclass[12pt]{article}
\usepackage{tikz}
\begin{document}
\tikzstyle{aaa}=[circle,draw=blue!50,fill=blue!20,thick]
\tikzstyle{bbb}=[rectangle,draw=black!50,fill=black!20]
\begin{tikzpicture}
    \node (a1) [aaa]                     {$a_1$};
    \node (a2) [aaa]   [below of=a1]     {$C$};
    \node (a3) [aaa]   [below of=a2]     {$a_3$};
    \node (b1) [bbb]   [right of=a2]     {$b_1$};
    \node (b2) [bbb]   [left  of=a2]     {$b_2$};
    \draw [->] (a2) -- (b2);
    \draw [->] (a2) -- (b1);
    \draw [->] (a2) -- (a1);
    \draw [->] (a2) -- (a3);
\end{tikzpicture}
\end{document}
```

编译上述代码，得到的图形如图 7-17 所示。

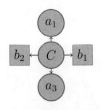

图 7-17　编译后的图形

【例 7-24】利用 edge 命令连接节点，方法一，代码如下所示。

```
\documentclass[12pt]{article}
\usepackage{tikz}
\begin{document}
\tikzstyle{aaa}=[circle,draw=blue!50,fill=blue!20,thick]
\tikzstyle{bbb}=[rectangle,draw=black!50,fill=black!20]
\begin{tikzpicture}
    \node (a1) [aaa]                     {$a_1$};
```

```
    \node (a2) [aaa] [below of=a1] {$C$}   edge [->] (a1);
    \node (a3) [aaa] [below of=a2] {$a_3$} edge [<-] (a2);
    \node (b1) [bbb] [right of=a2] {$b_1$} edge [<-] (a2);
    \node (b2) [bbb] [left  of=a2] {$b_2$} edge [<-] (a2);
\end{tikzpicture}
\end{document}
```

【例 7-25】利用 edge 命令连接节点，方法二，代码如下所示。

```
\documentclass[12pt]{article}
\usepackage{tikz}
\begin{document}
\tikzstyle{aaa}=[circle,draw=blue!50,fill=blue!20,thick]
\tikzstyle{bbb}=[rectangle,draw=black!50,fill=black!20]
\begin{tikzpicture}
    \path (0,2)  node [aaa,name=a1] {$a_1$}
          (0,1)  node [aaa,name=a2] {$C$}   edge [->] (a1)
          (0,0)  node [aaa,name=a3] {$a_3$} edge [<-] (a2)
          (1,1)  node [bbb,name=b1] {$b_1$} edge [<-] (a2)
          (-1,1) node [bbb,name=b2] {$b_2$} edge [<-] (a2);
\end{tikzpicture}
\end{document}
```

编译上述代码，得到的图形与图 7-17 所示相同。

【例 7-26】声明每个节点的连接位置，使周围节点连接线穿过中心点，代码如下所示。

```
\documentclass[12pt]{article}
\usepackage{tikz}
\begin{document}
\tikzstyle{aaa}=[circle,draw=blue!50,fill=blue!20,thick]
\tikzstyle{bbb}=[rectangle,draw=black!50,fill=black!20]
\begin{tikzpicture}
    \node (a1) [aaa]                {$a_1$};
    \node (a2) [aaa] [below of=a1]  {};
    \node (a3) [aaa] [below of=a2]  {$a_3$};
    \node (b1) [bbb] [right of=a2]  {$b_1$};
    \node (b2) [bbb] [left  of=a2]  {$b_2$};
    \draw [->] (a2.center) -- (b2.east);
    \draw [->] (a2.center) -- (b1.west);
```

```
    \draw [->] (a2.center) -- (a1.south);
    \draw [->] (a2.center) -- (a3.north);
\end{tikzpicture}
\end{document}
```

编译上述代码，得到的图形如图 7-18 所示。

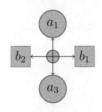

图 7-18　编译后的图形

7.3　高级功能

在本节中，我们将介绍除绘制直线以外的 LaTeX 的复杂绘图功能，如绘制非规则曲线、复杂函数、区域填充、填写标签等。

7.3.1　矩形、圆形、曲线

我们可以使用 \draw（x,y）rectangle（w,h）;命令绘制一个矩形，其左下角坐标位于点（x,y）处，长度为 w，高度为 h。类似地，我们也可以使用 \draw（x,y）circle [radius=r];命令绘制一个圆形，其圆心落在点（x,y）处，半径为 r。除此之外，我们可以使用 \draw（x,y）arc [radius=r, start angle=a1, end angle=a2] 命令绘制一条弧线。它从点（x,y）处开始绘制，该弧线曲率半径为 r，其起始角度为所对应曲率圆的 a1 处，终止角度为所对应曲率圆的 a2 处。

【例 7-27】按上述介绍，绘制矩形、圆形和曲线，代码如下所示。

```
\documentclass[12pt]{article}
\usepackage{tikz}
\begin{document}
\begin{tikzpicture}
    \draw [red] (0,0) rectangle (1.5,1);
```

```
    \draw [blue, ultra thick] (3,0.5) circle [radius=0.5];
    \draw [green] (6,0) arc [radius=1.5, start angle=45, end angle= 100];
\end{tikzpicture}
\end{document}
```

编译上述代码，得到的图形如图 7-19 所示。

图 7-19　编译后的图形

7.3.2　平滑过渡曲线

在绘图时，一种不突兀地连接两条直线的方式是采用平滑的过渡圆角或曲线。接下来，我们将介绍两种平滑过渡曲线的绘制方法：绘制带圆角的曲线和绘制过渡曲线。

【例 7-28】绘制带圆角的坐标系，代码如下所示。

```
\documentclass[12pt]{article}
\usepackage{tikz}
\begin{document}
\begin{tikzpicture}
    \draw [<->, rounded corners, thick, purple] (0,2) -- (0,0) -- (3,0);
\end{tikzpicture}
\end{document}
```

编译上述代码，得到的图形如图 7-20 所示。

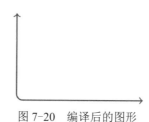

图 7-20　编译后的图形

【例 7-29】绘制过渡曲线，代码如下所示。

```
\documentclass[12pt]{article}
\usepackage{tikz}
```

```
\begin{document}
\begin{tikzpicture}
    \draw[<-, thick] (0,2) -- (0,0.5);
    \draw[thick,red] (0,0.5) to [out=270,in=180] (0.5,0);
    \draw[->, thick] (0.5,0) -- (3,0);
\end{tikzpicture}
\end{document}
```

编译上述代码，得到的图形如图 7-21 所示。

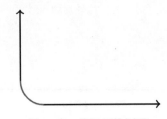

图 7-21　编译后的图形

【例 7-30】利用多段过渡曲线绘制 S 曲线，代码如下所示。

```
\documentclass[12pt]{article}
\usepackage{tikz}
\begin{document}
\begin{tikzpicture}
    \draw [<->,thick, blue] (0,0) to [out=90,in=180] (1,1) to
[out=0,in=180] (3,0) to [out=0,in=-90] (4,1) ;
\end{tikzpicture}
\end{document}
```

编译上述代码，得到的图形如图 7-22 所示。

图 7-22　编译后的图形

7.3.3　根据函数绘制曲线

tikz 宏包的强大之处在于，它还提供了可供绘制函数的数学引擎。在此我们先给出一个示例，再详细讲解如何利用该宏包绘制函数所对应的曲线。

【例 7-31】利用函数绘制正弦曲线，代码如下所示。

```
\documentclass[12pt]{article}
\usepackage{tikz}
\begin{document}
\begin{tikzpicture}[xscale=0.01,yscale=1]
    \draw [<->] (0,1) -- (0,0) -- (370,0);
    \draw[green, thick, domain=0:360] plot (\x, {sin(\x)}); % 这里需要注
意带上 {}
\end{tikzpicture}
\end{document}
```

编译上述代码，得到的图形如图 7-23 所示。

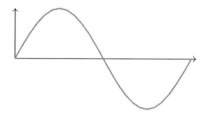

图 7-23 编译后的图形

在上述例子中，domain 命令声明了横坐标 x 的范围。在本示例中，我们利用 sin 函数绘制了一段正弦曲线。

除了本示例中的正弦曲线 sin 函数，我们还可以调用大量其他函数。在此列举以下部分作为示例：阶乘函数 factorial（\x），平方根函数 sqrt（\x），幂函数 pow（\x,y）（该函数为 xyxy），指数函数 exp（\x），对数函数 ln（\x）、log10（\x）、log2（\x），绝对值函数 abs（\x），取余函数 mod（\x,y）（即求 Xx 被 Yy 除后的余数），圆整函数 round（\x）、floor（\x）、ceil（\x），三角函数 sin（\x）、cos（\x）、tan（\x）等。值得注意的是，在三角函数中，通常默认自变量 xx 以度（°）为单位。若要采用弧度制，则需要将函数分别改写为 sin（\x r）、cos（\x r）、tan（\x r）。 除了这部分常用函数之外，我们通常还会使用两个常数：e（e=2.718281828）和 pi（pi=3.141592654）。

组合以上基本函数，可以形成更复杂的函数。

【例 7-32】通过组合基本函数实现复杂函数的绘图，代码如下所示。

```
\documentclass[12pt]{article}
```

```
\usepackage{tikz}
\begin{document}
\begin{tikzpicture}[yscale=1.5]
    \draw [thick, ->] (0,0) -- (6.5,0);
    \draw [thick, ->] (0,-1.1) -- (0,1.1);
    \draw [green,domain=0:2*pi] plot (\x, {(sin(\x r)* ln(\x+1))/2});
    \draw [red,domain=0:pi] plot (\x, {sin(\x r)});
    \draw [blue, domain=pi:2*pi] plot (\x, {cos(\x r)*exp(\x/exp(2*pi))});
\end{tikzpicture}
\end{document}
```

编译上述代码，得到的图形如图 7-24 所示。

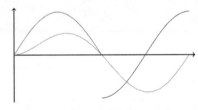

图 7-24　编译后的图形

7.3.4　简单图形的区域填充

我们可以在简单图形的基础上进行区域填充。

【例 7-33】对简单形状进行区域填充，代码如下所示。

```
\documentclass[12pt]{article}
\usepackage{tikz}
\begin{document}
\begin{tikzpicture}[yscale=1.5]
    \draw [fill=red,ultra thick] (0,0) rectangle (1,1);
    \draw [fill=red,ultra thick,red] (2,0) rectangle (3,1); % 这里的第二个
red 声明了区域周围边框线的颜色
    \draw [blue, fill=blue] (4,0) -- (5,1) -- (4.75,0.15) -- (4,0);
    \draw [fill] (7,0.5) circle [radius=0.1];
    \draw [fill=orange] (9,0) rectangle (11,1);
    \draw [fill=white] (9.25,0.25) rectangle (10,1.5);
\end{tikzpicture}
```

```
\end{document}
```

编译上述代码，得到的图形如图 7-25 所示。

图 7-25　编译后的图形

如例中的注释，我们可以通过声明图形边框线的颜色来对边框线进行个性化更改。若并不希望出现边框线，则可以采用 path 命令替换 \draw 命令。

【例 7-34】使用 path 命令绘制无框线的填充图形，代码如下所示。

```
\documentclass[12pt]{article}
\usepackage{tikz}
\begin{document}
\begin{tikzpicture}[yscale=1.5]
    \path [fill=red,thick] (0,0) rectangle (1.5,1);
    \draw [fill=red,thick] (2,0) rectangle (3.5,1);
\end{tikzpicture}
\end{document}
```

编译上述代码，得到的图形如图 7-26 所示。

图 7-26　编译后的图形

7.3.5　在图形中填写标签

绘图时，在合适的位置加入适当的文字说明，会对内容的表达起到很重要的作用。在本节中，我们将通过 \node 命令来实现这一目标。

【例 7-35】在直角坐标系中插入文字，代码如下所示。

```
\documentclass[12pt]{article}
\usepackage{tikz}
\begin{document}
```

```
\begin{tikzpicture}[yscale=1.5]
    \draw [thick, <->] (0,2) -- (0,0) -- (2,0);
    \node at (1,1) {good};
\end{tikzpicture}
\end{document}
```

编译上述代码，得到的图形如图 7-27 所示。

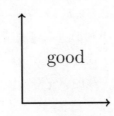

图 7-27　编译后的图形

在上例中，我们给出了一个简单的示范，即将文字"good"的中心位置固定在坐标 (1,1) 点处。当然，我们也可以通过命令，控制文字与所声明坐标的相对位置，例如，在坐标上方、下方、左侧、右侧。

【例 7-36】在 (1,1) 点下方插入文字，代码如下所示。

```
\documentclass[12pt]{article}
\usepackage{tikz}
\begin{document}
\begin{tikzpicture}
    \draw [thick, <->] (0,2) -- (0,0) -- (2,0);
    \draw [fill] (1,1) circle [radius=0.025];
    \node [below] at (1,1) {good};
\end{tikzpicture}
\end{document}
```

编译上述代码，得到的图形如图 7-28 所示。

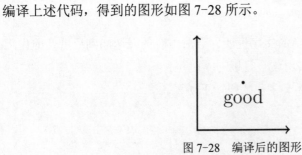

图 7-28　编译后的图形

【例 7-37】在（1,1）点上方、下方、左侧、右侧插入文字，代码如下所示。

```
\documentclass[12pt]{article}
\usepackage{tikz}
\begin{document}
\begin{tikzpicture}
    \draw [thick, <->] (0,2) -- (0,0) -- (2,0);
    \draw [fill] (1,1) circle [radius=0.025];
    \node [below] at (1,1) {below};
    \node [above] at (1,1) {above};
    \node [left] at (1,1) {left};
    \node [right] at (1,1) {right};
\end{tikzpicture}
\end{document}
```

编译上述代码，得到的图形如图 7-29 所示。

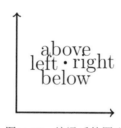

图 7-29 编译后的图形

【例 7-38】在（1,1）点左上方、左下方、右上方、右下方插入文字，代码如下所示。

```
\documentclass[12pt]{article}
\usepackage{tikz}
\begin{document}
\begin{tikzpicture}[xscale=2]
    \draw [thick, <->] (0,2) -- (0,0) -- (2,0);
    \draw [fill] (1,1) circle [radius=0.025];
    \node [below right, red] at (1,1) {below right};
    \node [above left, green] at (1,1) {above left};
    \node [below left, purple] at (1,1) {below left};
    \node [above right, magenta] at (1,1) {above right};
\end{tikzpicture}
\end{document}
```

编译上述代码，得到的图形如图 7-30 所示。

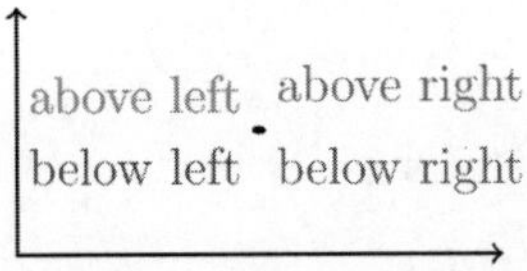

above left above right
below left below right

图 7-30　编译后的图形

【例 7-39】在（1,1）点处插入数学符号 θ，代码如下所示。

```
\documentclass[12pt]{article}
\usepackage{tikz}
\begin{document}
\begin{tikzpicture}
    \draw [thick, <->] (0,2) -- (0,0) -- (2,0);
    \node [below right] at (2,0) {$x$};
    \node [left] at (0,2) {$y$};
    \draw[fill] (1,1) circle [radius=.5pt];
    \node[above right] at (1,1) {$\theta$};
\end{tikzpicture}
\end{document}
```

编译上述代码，得到的图形如图 7-31 所示。

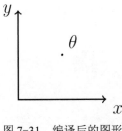

图 7-31　编译后的图形

7.4　复杂模型实战解析

在本节中，我们将给出一些科研论文中的复杂模型的绘制方法，以供读者们进一步解析学习。

【例 7-40】绘制 BCPF，代码如下所示。

```
\documentclass[border=0.1cm]{standalone}
\usepackage[utf8]{inputenc}
\usepackage{tikz}
\usepackage{amsfonts}
\usepackage{amsmath,amssymb}
\usepackage{systeme,mathtools}
\usetikzlibrary{positioning,arrows.meta,quotes}
\usetikzlibrary{shapes,snakes}
\usetikzlibrary{bayesnet}
\tikzset{>=latex}
\tikzstyle{plate caption} = [caption, node distance=0, inner sep=0pt,
below left=5pt and 0pt of #1.south]
\begin{document}
\begin{tikzpicture}
    \node [obs] (x) at (0,0) {\large $x_{\boldsymbol{i}}$};
    \node [circle,draw=black,fill=white,inner sep=0pt,minimum size=0.6cm]
(u1) at (-1.2,1.6) { $\boldsymbol{u}_{i_1}^{(1)}$};
    \node [circle,draw=black,fill=white,inner sep=0pt,minimum size=0.6cm]
(u3) at (1.2,1.6) { $\boldsymbol{u}_{i_d}^{(d)}$};
    \node [circle,draw=black,fill=white,inner sep=0pt,minimum size=0.65cm]
(lambda) at (0,3.0) {\large $\boldsymbol{\lambda}$};
    \node[mark size=1pt,color=black] at (0,1.6) {\pgfuseplotmark{*}};
    \node[mark size=1pt,color=black] at (-0.2,1.6) {\pgfuseplotmark{*}};
    \node[mark size=1pt,color=black] at (0.2,1.6) {\pgfuseplotmark{*}};
    \node [text width=0.5cm] (c0) at (0,4) {$\alpha,\beta$};
    \node [text width=0.5cm] (a0) at (2.5,2.6) {$\alpha,\beta$};
    \node [circle,draw=black,fill=white,inner sep=0pt,minimum size=0.65cm]
(tau_epsilon) at (2.5,1.6) {\large $\tau_{\epsilon}$};
    \path [draw,->] (u1) edge (x);
    \path [draw,->] (u3) edge (x);
    \path [draw,->] (lambda) edge (u1);
    \path [draw,->] (lambda) edge (u3);
    \path [draw,->] (c0) edge (lambda);
    \path [draw,->] (tau_epsilon) edge (x);
    \path [draw,->] (a0) edge (tau_epsilon);
    \plate [color=red] {part1} {(x)(u1)} { };
    \plate [color=blue] {part3} {(x)(u3)(part1.north east)} { };
    \node [text width=2cm] at (-0.6,-0.5) {\large $n_1$};
```

```
    \node [text width=2cm] at (2,-0.5) {\large $n_d$};
\end{tikzpicture}
\end{document}
```

编译上述代码，得到的图形如图 7-32 所示。

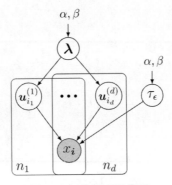

图 7-32　编译后的图形

【**例 7-41**】绘制 Sticky HDP-HMM，代码如下所示。

```
\documentclass[border=0.1cm]{standalone}
\usepackage[utf8]{inputenc}
\usepackage{tikz}
\usepackage{amsfonts}
\usepackage{amsmath,amssymb}
\usepackage{systeme,mathtools}
\usetikzlibrary{positioning,arrows.meta,quotes}
\usetikzlibrary{shapes,snakes}
\usetikzlibrary{bayesnet}
\tikzset{>=latex}
\tikzstyle{plate caption} = [caption, node distance=0, inner sep=0pt,
below left=5pt and 0pt of #1.south]
\tikzset{every picture/.style={line width=0.75pt}}
\begin{document}
\begin{tikzpicture}[x=0.75pt,y=0.75pt,yscale=-1,xscale=1]
    \node [obs] (o1) at (20,20) {$\boldsymbol{o}_1$};
    \node [circle,draw=black,fill=white, inner sep=0pt,minimum size=0.75cm]
(p1) at (20,-60) {$z_1$};
    \node [circle,draw=black,fill=white, inner sep=0pt,minimum size=0.75cm]
(p0) at (20,-130) {$z_0$};
```

```
\node [obs] (o2) at (70,20) {$\boldsymbol{o}_2$};
\node [circle,draw=black,fill=white, inner sep=0pt,minimum size=0.75cm]
(p2) at (70,-60) {$z_2$};
\node [obs] (o3) at (160,20) {$\boldsymbol{o}_T$};
\node [circle,draw=black,fill=white, inner sep=0pt,minimum size=0.75cm]
(p3) at (160,-60) {$z_T$};
\node [circle,draw=black,fill=white,inner sep=0pt,minimum size=0.75cm]
(theta) at (-60,-20) {$\theta_i$};
\node [circle,draw=black,fill=white,inner sep=0pt,minimum size=0.75cm]
(pi) at (-60,-100) {$\pi_i$};
\node [circle,draw=black,fill=white,inner sep=0pt,minimum size=0.75cm]
(beta) at (-60,-150) {$\beta$};
\node [text width=2cm] (inf1) at (-57,10) {\small{$i\in\left\{1,...,\
infty \right\}$}};
\node [text width=2cm] (inf2) at (-57,-70)
{\small{$i\in\left\{1,...,\infty \right\}$}};
\node [text width=.2cm] (lambda) at (-130,-20) {$\lambda$};
\node [text width=.2cm] (alpha) at (-130,-100) {$\alpha$};
\node [text width=.2cm] (kappa) at (-130,-120) {$\kappa$};
\node [text width=.2cm] (gamma) at (-130,-150) {$\gamma$};
\node [text width=.2cm] (gamma) at (-130,-150) {$\gamma$};
\node [text width=.4cm] (1dot) at (115,-60) {$...$};
\node [text width=.4cm] (2dot) at (115,20) {$...$};
\path [draw,->] (p2) edge (1dot);
\path [draw,->] (1dot) edge (p3);
\path [draw,->] (p1) edge (o1);
\path [draw,->] (p2) edge (o2);
\path [draw,->] (p3) edge (o3);
\path [draw,->] (p1) edge (p2);
\path [draw,->] (p0) edge (p1);
\path [draw,->] (alpha) edge (pi);
\path [draw,->] (kappa) edge (pi);
\path [draw,->] (beta) edge (pi);
\path [draw,->] (gamma) edge (beta);
\path [draw,->] (lambda) edge (theta);
\plate [color=black] {part2} {(theta)(inf1)} { };
\plate [color=black] {part3} {(pi)(inf2)} { };
\draw[black,->,thick] (pi.east) to [in=-150,out=-16] (147,-65);
```

```
\draw[black,->,thick] (pi.east) to [in=-143,out=-5] (57,-65);
\draw[black,->,thick] (pi.east) to [in=-135,out=5] (7,-65);
\draw[black,->,thick] (theta.east) to [in=-150,out=-16] (147,15);
\draw[black,->,thick] (theta.east) to [in=-143,out=-5] (57,15);
\draw[black,->,thick] (theta.east) to [in=-135,out=5] (7,15);
\end{tikzpicture}
\end{document}
```

编译上述代码，得到的图形如图 7-33 所示。

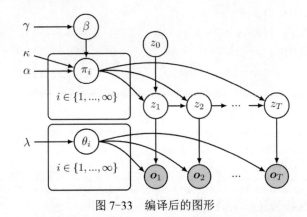

图 7-33　编译后的图形

【例 7-42】绘制贝叶斯时序矩阵分解的贝叶斯网络，代码如下所示。

```
\documentclass[border=0.1cm, 12pt]{standalone}
\usepackage{tikz}
\usepackage{amsfonts}
\usepackage{amsmath,amssymb}
\usepackage{systeme,mathtools}
\usetikzlibrary{positioning,arrows.meta,quotes}
\usetikzlibrary{shapes,snakes}
\usetikzlibrary{bayesnet}
\tikzset{>=latex}
\tikzstyle{plate caption} = [caption, node distance=0, inner sep=0pt,
below left=5pt and 0pt of #1.south]
\begin{document}
\begin{tikzpicture}
    \node [obs,inner sep=0pt,minimum size=0.8cm] (obs) at (0.8+2.4,0+0.8-
0.3) {\normalsize$y_{i,t+1}$};
    \node [obs,minimum size=0.95cm] (obs1) at (-0.8+2.4,0+0.8-0.3) {\normalsize$y_
```

```
{i,t}$};
        \node [circle,draw=black,fill=white,inner sep=0pt,minimum size=0.8cm]
(obs2) at (-0.8+2.4-1.6,0.5) {$y_{i,t-1}$};
        \node [circle,draw=black,fill=white,inner sep=0pt,minimum size=0.8cm]
(xtd1) at (-2.6,-2.0) {\scalebox{0.85}[1]{$\boldsymbol{x}_{t-d+1}$}};
        \node [circle,draw=black,fill=white,inner sep=0pt,minimum size=1cm] (xtd)
at (-4.2,-2.0) {$\boldsymbol{x}_{t-d}$};
        \node [circle,draw=black,fill=white,inner sep=0pt,minimum size=1cm] (xt1)
at (3.2,-2.0) {$\boldsymbol{x}_{t+1}$};
        \node [circle,draw=black,fill=white,inner sep=0pt,minimum size=1cm] (xt2)
at (1.6,-2.0) {$\boldsymbol{x}_{t}$};
        \node [circle,draw=black,fill=white,inner sep=0pt,minimum size=1cm] (xt3)
at (0,-2.0) {$\boldsymbol{x}_{t-1}$};
        \node [circle,draw=black,fill=white,inner sep=0pt,minimum size=1cm] (w)
at (2.4-0.8,2.3-0.4) {$\boldsymbol{w}_{i}$};
        \node [circle,draw=black,fill=white,inner sep=0pt,minimum size=0.9cm]
(lambda) at (3.2-0.8,3.8-0.4) {$\Lambda_{w}$};
        \node [circle,draw=black,fill=white,inner sep=0pt,minimum size=0.9cm]
(mu) at (0+2.4-1.6,3.8-0.4) {$\boldsymbol{\mu}_{w}$};
        \node [circle,draw=black,fill=white,inner sep=0pt,minimum size=0.9cm]
(kappa) at (0.8,-4) {$\Sigma$};
        \node [circle,draw=black,fill=white,inner sep=0pt,minimum size=0.9cm]
(thetak) at (-1.3,-4) {$A$};
        \node[mark size=1pt,color=black] at (-1.6+2.4-1.6,0+0.8-0.3)
{\pgfuseplotmark{*}};
        \node[mark size=1pt,color=black] at (-1.8+2.4-1.6,0+0.8-0.3)
{\pgfuseplotmark{*}};
        \node[mark size=1pt,color=black] (leftnode0) at (-2.0+2.4-1.6,0+0.8-
0.3) {\pgfuseplotmark{*}};
        \node[mark size=1pt,color=black] at (1.6+2.4,0+0.8-0.3)
{\pgfuseplotmark{*}};
        \node[mark size=1pt,color=black] at (1.8+2.4,0+0.8-0.3)
{\pgfuseplotmark{*}};
        \node[mark size=1pt,color=black] (rightnode0) at (2.0+2.4,0+0.8-0.3)
{\pgfuseplotmark{*}};
        \node[mark size=1pt,color=black] at (-1.1,-2) {\pgfuseplotmark{*}};
        \node[mark size=1pt,color=black] at (-1.3,-2) {\pgfuseplotmark{*}};
        \node[mark size=1pt,color=black] at (-1.5,-2) {\pgfuseplotmark{*}};
```

```
    \node[mark size=1pt,color=black] (leftnode1) at (-5.4,-2)
{\pgfuseplotmark{*}};
    \node[mark size=1pt,color=black] at (-5.2,-2) {\pgfuseplotmark{*}};
    \node[mark size=1pt,color=black] at (-5.0,-2) {\pgfuseplotmark{*}};
    \node[mark size=1pt,color=black] (rightnode1) at (4.4,-2)
{\pgfuseplotmark{*}};
    \node[mark size=1pt,color=black] at (4.2,-2) {\pgfuseplotmark{*}};
    \node[mark size=1pt,color=black] at (4.0,-2) {\pgfuseplotmark{*}};
    \node [circle,draw=black,fill=white,inner sep=0pt,minimum size=0.8cm]
(tau) at (3.0+2.4-1.2,-1.8+0.8) {$\tau$};
    \node [text width=0.6cm] (gamma1) at (3.0+2.4,-1.8+0.8) {$\alpha,\beta$};
    \node [text width=0.9cm] (gamma2) at (0+2.4,4.8-0.3) {\small $W_0,\
nu_0$};
    \node [text width=0.5cm] (mu0) at (0+2.4-1.6,4.8-0.3) {$\boldsymbol{\
mu}_0$};
    \node [text width=0.9cm] (gamma3) at (0.8,-5.1) {\small $S_0,\nu_0$};
    \node [text width=1.2cm] (gamma4) at (-1.3,-5.1) {\small $M_0,\Psi_0$};
    \path [draw,->] (w) edge (obs);
    \path [draw,->] (w) edge (obs1);
    \path [draw,->,dashed] (w) edge (obs2);
    \path [draw,->] (lambda) edge (w);
    \path [draw,->] (kappa) edge (xtd);
    \path [draw,->] (kappa) edge (xtd1);
    \path [draw,->] (kappa) edge (xt1);
    \path [draw,->] (kappa) edge (xt2);
    \path [draw,->] (kappa) edge (xt3);
    \path [draw,->] (gamma1) edge (tau);
    \path [draw,->] (gamma2) edge (lambda);
    \path [draw,->] (gamma3) edge (kappa);
    \path [draw,->] (gamma4) edge (thetak);
    \path [draw,->] (lambda) edge (mu);
    \path [draw,->] (mu) edge (w);
    \path [draw,->] (mu0) edge (mu);
    \path [draw,->] (tau) edge (obs);
    \path [draw,->] (tau) edge (obs1);
    \path [draw,->,dashed] (tau) edge (obs2);
    \path [draw,->] (xt1) edge (obs);
    \path [draw,->] (xt2) edge (xt1);
```

```
\path [draw,->] (xt3) edge (xt2);
\path [draw,->,dashed] (xt3) edge (obs2);
\path [draw,->] (xt3) edge [bend left] node [right] {} (xt1);
\path [draw,->] (xtd) edge [bend left] node [right] {} (xt2);
\path [draw,->] (xtd) edge [bend left] node [right] {} (xt3);
\path [draw,->] (xtd) edge (xtd1);
\path [draw,->] (xtd1) edge [bend left] node [right] {} (xt1);
\path [draw,->] (xtd1) edge [bend left] node [right] {} (xt2);
\path [draw,->] (xtd1) edge [bend left] node [right] {} (xt3);
\path [draw,->] (xt2) edge (obs1);
\path [draw,->] (thetak) edge (xt1);
\path [draw,->] (thetak) edge (xt2);
\path [draw,->] (thetak) edge (xt3);
\path [draw,->] (thetak) edge (xtd);
\path [draw,->] (thetak) edge (xtd1);
\path [draw,->] (kappa) edge (thetak);
\node [text width=2.2cm] (m) at (-1+2.5-1.5,2.6+0.8-1.6) {\small{$i\
in\left\{1,...,N\right\}$}};
    \plate [color=black] {part1} {(leftnode0)(rightnode0)(obs)(obs1)(w)
(m)} { };
\end{tikzpicture}
\end{document}
```

编译上述代码，得到的图形如图 7-34 所示。

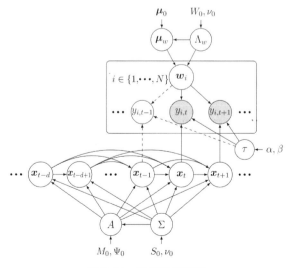

图 7-34　编译后的图形

【例 7-43】 绘制矩阵分解示意图，代码如下所示。

```latex
\documentclass[border=0.1cm]{standalone}
\usepackage[utf8]{inputenc}
\usepackage{tikz}
\usepackage{amsfonts}
\usepackage{amsmath,amssymb}
\usepackage{systeme,mathtools}
\usetikzlibrary{positioning,arrows.meta,quotes}
\usetikzlibrary{shapes,snakes}
\usetikzlibrary{bayesnet}
\tikzset{>=latex}
\begin{document}
\begin{tikzpicture}
    \draw [very thick] (0,0) rectangle (3.6/2,2.4/2);
    \filldraw [fill=green!20!white,draw=green!40!black] (0,0) rectangle
(3.6/2,2.4/2);
    \filldraw [fill=white] (0.4/2,0.4/2) rectangle (0.8/2,0.8/2);
    \filldraw [fill=white] (2.4/2,0.4/2) rectangle (2.8/2,0.8/2);
    \filldraw [fill=white] (0.8/2,1.2/2) rectangle (1.2/2,1.6/2);
    \filldraw [fill=white] (2.0/2,1.6/2) rectangle (2.4/2,2.0/2);
    \filldraw [fill=white] (0.4/2,2.0/2) rectangle (0.8/2,2.4/2);
    \filldraw [fill=white] (2.4/2,2.0/2) rectangle (2.8/2,2.4/2);
    \filldraw [fill=white] (2.8/2,1.2/2) rectangle (3.2/2,2.0/2);
    \draw [step=0.4/2, very thin, color=gray] (0,0) grid (3.6/2,2.4/2);
    \draw (1.8/2,-0.3) node {{\color{red}\scriptsize{$Y\in\mathbb{R}^{m\
times f}$}}};
    \draw (4.4/2,1.2/2) node {{\color{black}\large{$\approx$}}};
    \draw [very thick] (5.2/2,0) rectangle (6.0/2,2.4/2);
    \filldraw [fill=green!20!white,draw=green!40!black] (5.2/2,0) rectangle
(6.0/2,2.4/2);
    \draw [step=0.4/2, very thin, color=gray] (5.2/2,0) grid (6.0/2,2.4/2);
    \draw (5.6/2,-0.3) node {{\color{black}\scriptsize{$W\in\
mathbb{R}^{m\times r}$}}};
    \draw (6.8/2,1.2/2) node {{\color{black}\large{$\times$}}};
    \draw [very thick] (7.6/2,0.8/2) rectangle (11.2/2,1.6/2);
    \filldraw [fill=green!20!white,draw=green!40!black] (7.6/2,0.8/2)
rectangle (11.2/2,1.6/2);
```

```
    \draw [step=0.4/2, very thin, color=gray] (7.6/2,0.8/2) grid
(11.2/2,1.6/2);
    \draw (9.4/2,0) node {{\color{red}\scriptsize{$X^{T}\in\mathbb{R}^{r\
times f}$}}};
  \end{tikzpicture}
  \end{document}
```

编译上述代码，得到的图形如图 7-35 所示。

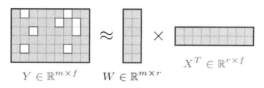

图 7-35　编译后的图形

更多模型例子可以参考开源项目。

第 8 章

建立索引及文献引用

　　科研论文或科技报告中的图片、表格、公式和参考文献往往会被编号，以方便读者进行查看。在实际写作过程中，有时图片、表格、公式不在文本引用位置附近，而参考文献往往都放在文末结尾处。因而，读者在阅读过程中，为了查看该处引用内容的详细信息，不得不翻看全文。这个过程非常烦琐低效并且会影响阅读的流畅性，因此，建立索引和文献引用就非常有必要了。

　　建立索引一般指给文档中的图片、表格、公式等设置索引，通过自动编号完成；而建立文献引用同样是通过对文中存在引用参考文献的地方自动编号来完成。在 LaTex 中建立索引和文献引用的过程较为简单，并且效果非常好，读者根据索引和文献引用可以直接跳转至想要查看的内容，从而有效提高了阅读效率和阅读的流畅性。

　　本章节主要包括以下部分：建立公式和图表的索引、创建超链接并调整链接格式、利用 BibTex 完成参考文献引用及引用格式的设定。

8.1　建立公式和图表的索引

　　文档的索引是文档中的某些关键字所在公式、图表及页码的列表。在文档中，我们往往需要引用公式及图表以辅助文档的叙述、描述结果及佐证一些结论，有时插入的公式或图表不一定直接放在引用位置旁边，因此给公式及图表建立索引就尤为重要。

8.1.1　给公式建立索引

LaTeX 中，给公式建立索引主要分为两个部分：一部分是给公式添加标签，可以使用 \label{ 标签名 } 命令，根据第 4 章所讲的方法，可以使用 equation 环境插入带标签的公式；另一部分是在文档中引用标签，可以使用 \ref{ 标签名 } 命令。

【例 8-1】使用 \label{ 标签名 } 及 \ref{ 标签名 } 命令在文中给公式建立索引，代码如下所示。

```
\documentclass[12pt]{article}
\begin{document}
(\ref{eq1}) is a binary equation
(\ref{eq2}) is a binary quadratic equation.
\begin{equation}
x+y=2\label{eq1}
\end{equation}
\begin{equation}
x^{2}+y^{2}=2\label{eq2}
\end{equation}
\end{document}
```

编译上述代码，得到的文档如图 8-1 所示。

(1) is a binary equation
(2) is a binary quadratic equation.

$$x + y = 2 \tag{1}$$

$$x^2 + y^2 = 2 \tag{2}$$

图 8-1　编译后的文档

8.1.2　给图形建立索引

根据第 6 章，插入图片需要使用 graphicx 宏包，给图形建立索引与给公式建立索引类似，同样分为两部分，一部分是使用 \label{ 标签名 } 命令给图形添加标签，另一部分是使用 \ref{ 标签名 } 命令在文档中引用标签。

【例 8-2】使用 \label{ 标签名 } 及 \ref{ 标签名 } 命令在文中给图形建立索引，代码如下所示。

```
\documentclass[12pt]{article}
\usepackage{graphicx}
\begin{document}
Figure \ref{butterfly} is a photo of butterfly.
\begin{figure}
\centering
\includegraphics[width = 0.8\textwidth]{graphics/butterfly.JPG}
\caption{There is a beautiful butterfly.}
\label{butterfly}
\end{figure}
\end{document}
```

编译上述代码，得到的图形如图 8-2 所示。

Figure 1: There is a beautiful butterfly.

Figure 1 is a photo of a beautiful butterfly

图 8-2　编译后的图形

8.1.3　给表格建立索引

给表格建立索引与给公式及图形建立索引类似，同样分为两部分：一部分是使用

\label{ 标签名 } 命令给表格添加标签，根据第 5 章，可以使用 tabular 和 table 两种环境制作带标签的表格；另一部分是使用 \ref{ 标签名 } 命令在文档中引用标签。

【例 8-3】 使用 \label{ 标签名 } 及 \ref{ 标签名 } 命令在文中给表格建立索引，代码如下所示。

```
\documentclass[12pt]{article}
\begin{document}
Table~\ref{table1} shows the values of some basic functions.
\begin{table}
    \centering
    \caption{The values of some basic functions.}
    \begin{tabular}{l|cccc}
        \hline
        & $x=1$ & $x=2$ & $x=3$ & $x=4$ \\
        \hline
        $y=x$ & 1 & 2 & 3 & 4 \\
        $y=x^{2}$ & 1 & 4 & 9 & 16 \\
        $y=x^{3}$ & 1 & 8 & 27 & 64 \\
        \hline
    \end{tabular}
    \label{table1}% 索引标签
\end{table}
\end{document}
```

编译上述代码，得到的文档如图 8-3 所示。

Table 1: The values of some basic functions.

	$x=1$	$x=2$	$x=3$	$x=4$
$y=x$	1	2	3	4
$y=x^2$	1	4	9	16
$y=x^3$	1	8	27	64

Table 1 shows the values of some basic functions.

图 8-3 编译后的文档

8.2 创建超链接

超链接指按内容链接，可以从一个文本内容指向文本其他内容或其他文件、网址等。超链接可以分为文本内链接、网页链接及本地文件链接。LaTeX 提供的 hyperref 宏包可用于生成超链接，在使用时，只需在前导代码中声明宏包即可，命令为 \usepackage{hyperref}。

8.2.1 超链接类型

1. 文本内链接

在篇幅较长的文档中，查阅内容会比较烦琐，因此，我们往往会在目录中使用超链接来实现快速高效地浏览文本内容。而使用 hyperref 宏包可以创建文本内超链接。

【例 8-4】使用 \usepackage{hyperref} 命令创建一个简单的目录链接文本内容的例子，代码如下所示。

```
\documentclass{book}
\usepackage{blindtext}
\usepackage{hyperref} % 超链接包
\begin{document}
\frontmatter
\tableofcontents
\clearpage
\addcontentsline{toc}{chapter}{Foreword}
{\huge {\bf Foreword}}
This is foreword.
\clearpage
\mainmatter
\chapter{First Chapter}
This is chapter 1.
\clearpage
\section{First section} \label{second}
This is section 1.1.
\end{document}
```

编译上述代码，得到的文档如图 8-4 所示。

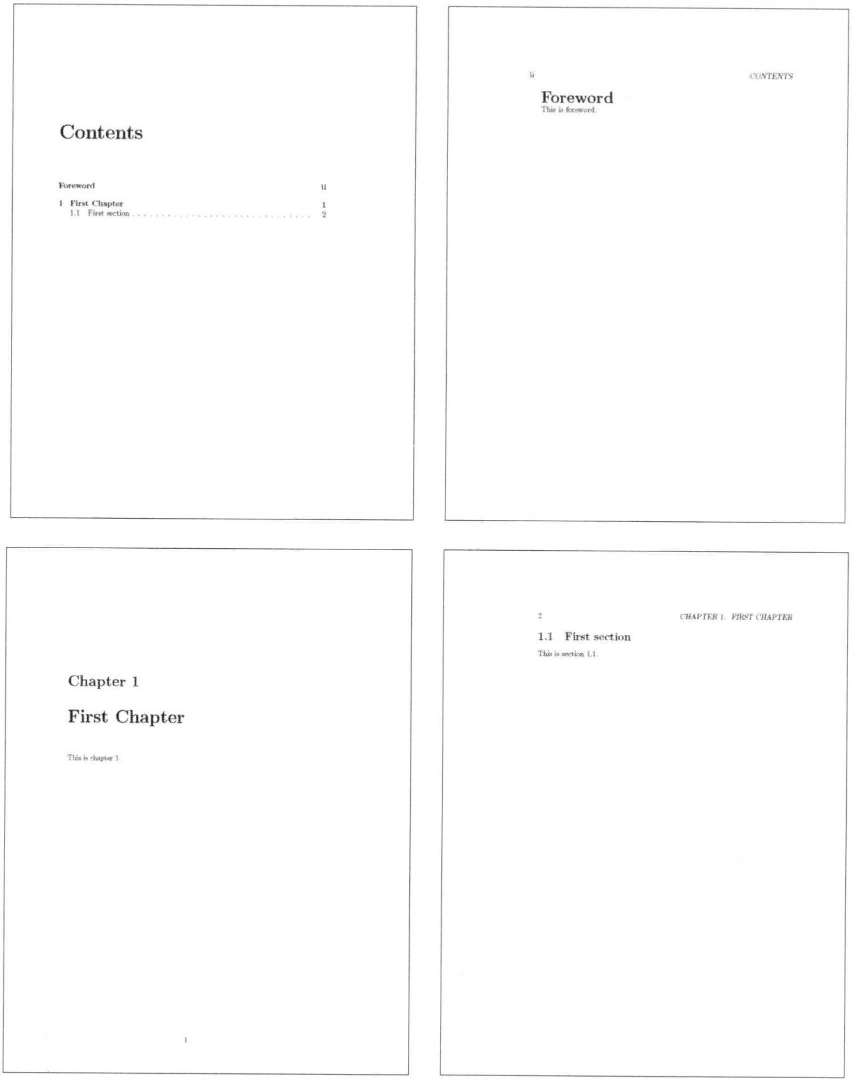

图 8-4 编译后的文档

在导入 hyperref 时必须非常小心，一般而言，它必须是最后一个要导入的包。

2. 网址链接

众所周知，在文档中插入网址之类的文本也需要用到超链接。同样的，使用 hyperref 宏包可以创建网页超链接。当我们需要给超链接命名并隐藏网址时，可以使用 href 命令插入网址链接。当插入的网址链接太长时，由于 LaTeX 不会自动换行，因此往往会带来格式混乱的问题。为了防止出现这类问题，我们可以使用 url 宏包，并在该宏包中声明一个参数，相关命令为 \usepackage[hyphens]{url}。

【例 8-5】在 LaTeX 中使用 hyperref 及 url 宏包插入网页链接并设置自动换行，代码如下所示。

```
\documentclass[12pt]{article}
\usepackage[hyphens]{url}
\usepackage{hyperref}
\begin{document}
This is the website of open-source latex-cookbook repository:
\href{https://github.com/xinychen/latex-cookbook}{LaTeX-cookbook} or go to
the next url: \url{https://github.com/xinychen/latex-cookbook}.
\end{document}
```

编译上述代码，得到的文档如图 8-5 所示。

This is the website of open-source latex-cookbook repository: LaTeX-cookbook or go to the next url: https://github.com/xinychen/latex-cookbook.

图 8-5　编译后的文档

3. 本地文件链接

当我们需要将文本与本地文件进行链接时，可使用 href 命令打开本地文件。

【例 8-6】在 LaTeX 中使用 href 命令打开本地文件，代码如下所示。

```
\documentclass[12pt]{article}
\usepackage[hyphens]{url}
\usepackage{hyperref}
\begin{document}
This is the text of open-source latex-cookbook repository: \href{run:./
LaTeX-cookbook.dox}{LaTeX-cookbook}.
\end{document}
```

编译上述代码，得到的文档如图 8-6 所示。

This is the text of open-source latex-cookbook repository: LaTeX-cookbook.

图 8-6　编译后的文档

8.2.2　超链接格式

当然，有时候为了突出超链接，我们也可以在宏包 hyperref 中设置特定的颜色，设

置的命令为 \hypersetup。该命令一般放在前导代码中，颜色设置可为 colorlinks = true、linkcolor=blue、urlcolor = blue、filecolor=magenta 等。默认设置为以单色样式的空间字体打印链接，\urlstyle{same} 命令将改变这个样式，并以与文本其余部分相同的样式显示链接。

【例 8-7】在 LaTeX 中使用 hyperref 宏包插入超链接，并将超链接颜色设置为蓝色，代码如下所示。

```
\documentclass{book}
\usepackage{blindtext}
\usepackage{hyperref} % 超链接包
\hypersetup{colorlinks = true, % 链接将被着色，默认颜色是红色
            linkcolor=blue, % 内部链接显示为蓝色
            urlcolor = cyan, % 网址链接为青色
            filecolor=magenta} % 本地文件链接为洋红色
\urlstyle{same}
\begin{document}
\frontmatter
\tableofcontents
\clearpage
\addcontentsline{toc}{chapter}{Foreword}
{\huge {\bf Foreword}}
This is foreword.
\clearpage
\mainmatter
\chapter{First Chapter}
This is chapter 1.
\clearpage
\section{First section} \label{second}
This is section 1.1.
This is the website of open-source latex-cookbook repository:
\href{https://github.com/xinychen/latex-cookbook}{LaTeX-cookbook} or go to
the next url: \url{https://github.com/xinychen/latex-cookbook}.
This is the text of open-source latex-cookbook repository: \href{run:./
LaTeX-cookbook.dox}{LaTeX-cookbook}
\end{document}
```

编译上述代码，得到的文档如图 8-7 所示。

图 8-7　编译后的文档

8.3　创建参考文献

8.3.1　参考文献管理方式

LaTeX 主要有两种管理参考文献的方法：一种是在 .tex 文档中嵌入参考文献，参考文献格式需符合特定的文献引用格式；另一种则是使用 BibTeX 进行文献管理，文件的拓展名为 .bib。其中，使用外部文件 BibTeX 管理文献更加便捷高效。

在 LaTeX 中，插入参考文献的一种直接方式是使用 thebibliography 环境，以列表的形式将参考文献整理起来，配以标签，以供正文引用，文档中引用的命令为 \cite{}。

【例 8-8】使用 thebibliography 环境在文档中插入参考文献并进行编译，代码如下所示。

```
\documentclass[12pt]{article}
\begin{document}
Some examples for showing how to use \texttt{thebibliography}
environment:
\begin{itemize}
    \item Book reference sample: The \LaTeX\ companion book \cite{latexcompanion}.
```

```
    \item Paper reference sample: On the electrodynamics of moving bodies
\cite{einstein}.
    \item Open-source reference sample: Knuth: Computers and Typesetting
\cite{knuthwebsite}.
  \end{itemize}
  \begin{thebibliography}{9}
  \bibitem{latexcompanion}
  Michel Goossens, Frank Mittelbach, and Alexander Samarin.
  \textit{The \LaTeX\ Companion}.
  Addison-Wesley, Reading, Massachusetts, 1993.
  \bibitem{einstein}
  Albert Einstein.
  \textit{Zur Elektrodynamik bewegter K{\"o}rper}. (German)
  [\textit{On the electrodynamics of moving bodies}].
  Annalen der Physik, 322(10):891-921, 1905.
  \bibitem{knuthwebsite}
  Knuth: Computers and Typesetting,
  \\\texttt{http://www-cs-faculty.stanford.edu/\~{}uno/abcde.html}
  \end{thebibliography}
\end{document}
```

编译上述代码，得到的文档如图 8-8 所示。

Some examples for showing how to use **thebibliography** environment:

- Book reference sample: The LATEX companion book [1].

- Paper reference sample: On the electrodynamics of moving bodies [2].

- Open-source reference sample: Knuth: Computers and Typesetting [3].

References

[1] Michel Goossens, Frank Mittelbach, and Alexander Samarin. *The LATEX Companion.* Addison-Wesley, Reading, Massachusetts, 1993.

[2] Albert Einstein. *Zur Elektrodynamik bewegter Körper.* (German) [*On the electrodynamics of moving bodies*]. Annalen der Physik, 322(10):891–921, 1905.

[3] Knuth: Computers and Typesetting, `http://www-cs-faculty.stanford.edu/~uno/abcde.html`

图 8-8 编译后的文档

【例 8-9】使用 thebibliography 环境在文档中插入参考文献并进行编译，代码如下所示。

```
\documentclass[12pt]{article}
\begin{document}
\LaTeX{} \cite{lamport94} is a set of macros built atop \TeX{}
\cite{texbook}.
\begin{thebibliography}{9}
\bibitem{texbook}
Donald E. Knuth (1986) \emph{The \TeX{} Book}, Addison-Wesley
Professional.
\bibitem{lamport94}
Leslie Lamport (1994) \emph{\LaTeX: a document preparation system},
Addison
Wesley, Massachusetts, 2nd ed.
\end{thebibliography}
\end{document}
```

编译上述代码，得到的文档如图 8-9 所示。

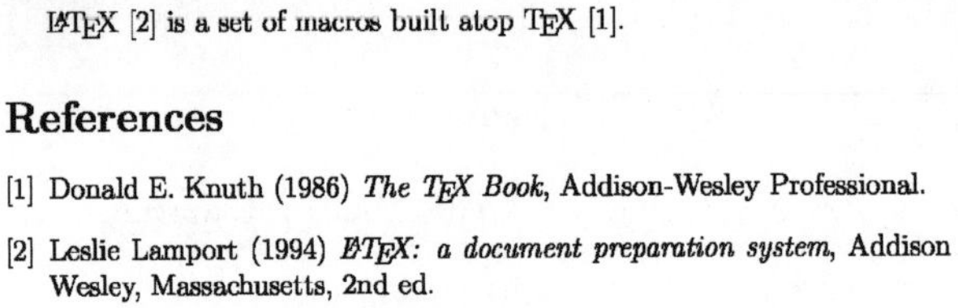

LaTeX [2] is a set of macros built atop TeX [1].

References

[1] Donald E. Knuth (1986) *The TeX Book*, Addison-Wesley Professional.

[2] Leslie Lamport (1994) *LaTeX: a document preparation system*, Addison Wesley, Massachusetts, 2nd ed.

图 8-9　编译后的文档

8.3.2　使用 BibTeX 文件

BibTeX 是 LaTeX 最为常用的一个文献管理工具，它通常以一个独立的文件出现，其拓展名为 .bib。BibTex 是伴随着 LaTeX 文档排版系统出现的，于 1985 年由兰伯特博士与合作者共同开发出来。BibTex 作为一种特殊的且独立于拓展名为 .tex 的 LaTeX 文件之外的数据库，它能大大简化 LaTeX 文档中的文献引用程序。实际上，BibTeX 文件中的文献都是以列表的形式罗列的，且不分先后顺序。通过使用引用命令 \cite{} 即可在文档中自动生成特定格式的参考文献。其中，文档中的参考文献格式一般是提前设定好的。

【例 8-10】使用 BibTeX 将一个文献管理文件命名为 sample.bib，将文献按照指定格式进行整理，插入参考文献并进行编译，代码如下所示。

```
% 创建 Bibtex 文件，并将其命名为 sample.bib
@article{einstein,
    author =        "Albert Einstein",
    title =         "{Zur Elektrodynamik bewegter K{\"o}rper}. ({German})
        [{On} the electrodynamics of moving bodies]",
    journal =       "Annalen der Physik",
    volume =        "322",
    number =        "10",
    pages =         "891--921",
    year =          "1905",
    DOI =           "http://dx.doi.org/10.1002/andp.19053221004"
}
@book{latexcompanion,
    author    = "Michel Goossens and Frank Mittelbach and Alexander Samarin",
    title     = "The \LaTeX\ Companion",
    year      = "1993",
    publisher = "Addison-Wesley",
    address   = "Reading, Massachusetts"
}
@misc{knuthwebsite,
    author    = "Donald Knuth",
    title     = "Knuth: Computers and Typesetting",
    url       = "http://www-cs-faculty.stanford.edu/\~{}uno/abcde.html"
}
```

在这三条文献中，einstein、latexcompanion、knuthwebsite 是文献的标签。在文档中，只需要在适当位置用命令 \cite{} 便可以引用这些文献，括号中需填入标签，例如，\cite{einstein}。

```
\documentclass[12pt]{article}
\begin{document}
Some examples for showing how to use \texttt{thebibliography}
environment:
\begin{itemize}
    \item Book reference sample: The \LaTeX\ companion book \cite{latexcompanion}.
    \item Paper reference sample: On the electrodynamics of moving bodies
```

```
\cite{einstein}.
        \item Open-source reference sample: Knuth: Computers and Typesetting
\cite{knuthwebsite}.
    \end{itemize}
    \bibliographystyle{unsrt}
    \bibliography{sample}
    \end{document}
```

编译上述代码，得到的文档如图 8-10 所示。

Some examples for showing how to use **thebibliography** environment:

- Book reference sample: The LaTeX companion book [1].

- Paper reference sample: On the electrodynamics of moving bodies [2].

- Open-source reference sample: Knuth: Computers and Typesetting [3].

References

[1] Michel Goossens, Frank Mittelbach, and Alexander Samarin. *The LaTeX Companion*. Addison-Wesley, Reading, Massachusetts, 1993.

[2] Albert Einstein. Zur Elektrodynamik bewegter Körper. (German) [On the electrodynamics of moving bodies]. *Annalen der Physik*, 322(10):891–921, 1905.

[3] Donald Knuth. Knuth: Computers and typesetting.

图 8-10　编译后的文档

在 sample.bib 文件中，根据文献类型可定义文献列表，且每篇文献都需要整理 author（作者信息）、title（文献标题）等基本信息。在 LaTeX 文档中，我们需要使用 \bibliographystyle 命令声明参考文献的格式，如本例中的 unsrt。同时，我们还需要使用 \bibliography 命令声明参考文献的源文件，即 sample.bib。

当然，BibTeX 文献管理也有如下优点。

- 无需重复输入每条参考文献。将文献放在 BibTeX 之后，引用文献的标签，参考文献即可在文档中显示。

- 文档中的参考文献格式是根据文档样式自动设置的，且所有文献的引用风格是一致的。

- 当引用同一作者同年的文献过多时，引用格式会自动调整。

- 只有在文档中明确引用，文献才会显示在 BibTeX 文件的参考文献中。

在 BibTeX 文件中，不同类型的文献是需要进行分类的，具体如下。

- article：对应着期刊或杂志上发表的论文，必须添加的信息有 author（作者）、title（论文标题）、journal（期刊）、year（年份）、volume（卷），可供选择添加的信息包括 number（期）、pages（页码）、month（月份）、doi（数字对象识别码）等。

- book：对应着书籍，必须添加的信息有 author/editor（作者或主编）、title（书名）、publisher（出版商）、year（年份），可供选择添加的信息包括 volume/number（卷 / 期）、series（系列）、address（出版地址）、edition（版号）、month（月份）、url（网址）等。

- inbook：书籍中的一部分或者某一章节，必须添加的信息有 author/editor（作者或主编）、title（章节标题）、chapter/pages（章节 / 页码）、publisher（出版商）、year（年份），其他可供选择添加的信息与 book 一致。

- inproceedings：对应着会议论文，必须添加的信息有 author（作者）、title（论文标题）、booktitle（论文集标题）、year（年份），可供选择添加的信息包括 editor（版号）、volume/number（卷或期）、series（系列）、pages（页码）、address（地址）、month（月份）、organization（组织方）、publisher（出版商）等。

- conference：对应着会议论文，与 inproceedings 用法一致。

- mastersthesis 和 proceedings：分别对应着硕士学位论文和博士学位论文，必须添加的信息有 author（作者）、title（论文标题）、school（学校或研究机构）、year（年份）。

8.3.3　文献引用格式

BibTeX 的最大特点是采用了标准化的数据库，对论文、著作及其他类型的文献，我们可以自定义文献的引用格式。BibTeX 的样式会改变所引用文献的引用格式。一般而言，LaTeX 中有一系列标准样式可供选择和使用。具体而言，这些标准样式对应的文件包括以下几种。

- acm.bst：对应 Association for Computing Machinery 期刊。
- ieeetr.bst：对应 IEEE Transactions 期刊。
- siam.bst：对应 SIAM。

实际上，还有很多拓展名为 .bst 文件，这里给出的几个文件只是最为常用的。不得不提的是 natbib 宏包，它对一系列引用命令进行了标准化处理，而这种标准化不受不同文献样式的影响。

第 9 章

幻灯片制作

本章将介绍如何使用 beamer 制作幻灯片。在此之前，我们接触 LaTeX 最多的文档类型是 article，如果我们想制作幻灯片，其实也有另一种用户体验极好的文档类型，即 beamer。beamer 是随着 LaTeX 发展而衍生出的一种特殊的文档类型，是 LaTeX 中用于制作幻灯片的重要工具，也可以被看作一个功能强大的宏包。beamer 的主要受众是科研工作者。LaTeX 常规文档中用到的诸多命令和环境在 beamer 中也同样适用，用户只需要掌握 LaTeX 的基本使用方法，便能使用 beamer 制作幻灯片。使用 beamer 制作完一个幻灯片，编译后的最终文件是 PDF 格式的，在一般平台或机器上打开都不存在不兼容的问题。事实上，LaTeX 中可用于制作幻灯片的工具并非只有 beamer 一种，但 beamer 无疑是众多工具中最著名且最常用而便捷好用的一种。使用 beamer 能获得的良好用户体验可以归结为以下几点。

1. 拥有海量的模板和丰富的主题样式，且使用方便。

2. 能满足用户制作幻灯片的需求。无论是创建标题、文本和段落，还是插入图表、参考文献等，均很便捷，且使用规则与常规文档几乎一致。

本章具体内容主要包括以下方面：对 beamer 的基本介绍、beamer 主题的样式、幻灯片样式的设置、幻灯片中的文本编辑。

9.1 基本介绍

beamer 是随着 LaTeX 发展而衍生出的一种特殊文档类型，是 LaTeX 中用于制作幻灯片的重要工具，也可以被看作一个功能强大的宏包。beamer 的主体受众是科研工作者。LaTeX 常规文档中用到的诸多命令和环境在 beamer 中也同样适用，用户只需要掌握 LaTeX 的基本操作方法，便能使用 beamer 制作幻灯片。使用 beamer 制作完一个幻灯片，编译后的最终文件是 PDF 格式的，在一般的平台或机器上打开都不存在不兼容的问题。

9.1.1 beamer 介绍

在 LaTeX 中，我们接触最多的可能是常规文档类型 article，但当我们想制作幻灯片时，其实也有另一种用户体验极好的文档类型，即 beamer。事实上，LaTeX 中可用于制作幻灯片的工具并非只有 beamer 一种，但 beamer 无疑是众多工具中最著名且最常用而便捷好用的一种。使用 beamer 能获得的良好用户体验可以归结为以下几点。

- 拥有海量的模板和丰富的主题样式，且使用方便。
- 能满足用户制作幻灯片的需求。无论是创建标题、文本和段落，还是插入图表、参考文献等，均很便捷，且使用规则与常规文档几乎一致。

从使用角度来说，beamer 和 book、article 等文档类型一样，都是在以 .tex 为拓展名的文件中编写程序和文档内容，然后再通过编译生成 PDF 文档。当然，beamer 也有其他常用演示文稿的幻灯片制作工具如 PowerPoint 的主要功能，可以自行设置动态效果，甚至能使用主题样式修改幻灯片的外观。

与其他文档类型相似的是，beamer 中有很多成熟的幻灯片模板。这些模版已经设置好了特定的格式和样式，用户甚至只需要插入内容即可得到心仪的幻灯片。使用 beamer 制作幻灯片时，我们可以体验 LaTeX 排版论文的几乎所有优点，公式排版、图表排版、参考文献设置等非常便捷，甚至可以将常规文档中的内容直接复制到 beamer 文档内容中，稍加调整便能得到样式合适的幻灯片。

使用 beamer 制作幻灯片仍然遵循着 LaTeX 的一般使用方法，代码分为前导代码和主体代码，前导代码声明文档类型为 beamer，命令为 \documentclass{beamer}，除此之外，调用宏包等操作与常规文档的制作是一致的。

【例 9-1】使用 beamer 创建一个简单的幻灯片，代码如下所示。

```
\documentclass{beamer}
```

```
\title{A Simple Beamer Example}
\author{Author's Name}
\institute{Author's Institute}
\date{\today}
\begin{document}
\frame{\titlepage}
\end{document}
```

编译上述代码，得到的幻灯片如图 9-1 所示。

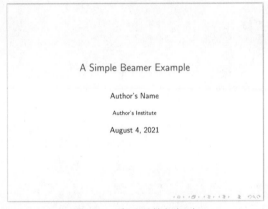

图 9-1　编译后的幻灯片

在例子中，\title{}、\author{} 和 \date{} 这几个命令分别对应着标题、作者及日期，一般放在标题页。如果想在幻灯片首页显示这些信息，那么可以使用 \frame 命令新建标题页。

总的来说，标题及作者信息对应的特定命令包括以下几项。

● 标题：对应的命令为 \title[A]{B}。其中，位置 A 填写的一般是简化标题，而位置 B 填写的则是完整标题，这里的完整标题有时候可能会很长。

● 副标题：对应的命令为 \subtitle[A]{B}。其中，位置 A 一般填写的是简化副标题，而位置 B 填写的则是完整副标题，这里的完整副标题有时候也可能会很长。

● 作者：对应的命令为 \author[A]{B}，用法类似。

● 日期：对应的命令为 \date[A]{B}，用法类似。

● 单位：对应的命令为 \institution[A]{B}，用法类似。

我们知道，在 article 中，声明文档类型时可以指定正文字体大小。同理，在申明文档类型的命令 \documentclass{beamer} 中，我们也可以通过特定选项调整幻灯片内容的字体大小。字体大小一般默认为 11pt，我们也可以根据需要将大小调为 8pt、9pt、10pt、12pt、

14pt、17pt、20pt 等，例如，可使用 \documentclass[12pt]{beamer} 命令将字体大小设置为12pt。

　　制作幻灯片时，为了达到特定的投影效果，我们可以设置幻灯片的长宽比，两种比较常用的长宽比为 4 ∶ 3 和 16 ∶ 9。一般来说，beamer 制作出来的幻灯片默认大小为长 128毫米、宽 96 毫米，长宽比 4 ∶ 3。我们也可以根据需要将幻灯片的长宽比调整为 16 ∶ 9、14 ∶ 9、5 ∶ 4 甚至 3 ∶ 2。

　　【例 9-2】使用 beamer 创建一个简单的幻灯片，将幻灯片的长宽比调整为 16 ∶ 9，代码如下所示。

```
\documentclass[aspectratio = 169]{beamer}
\title{A Simple Beamer Example}
\author{Author's Name}
\institute{Author's Institute}
\date{\today}
\begin{document}
\frame{\titlepage}
\end{document}
```

编译上述代码，得到的幻灯片如图 9-2 所示。

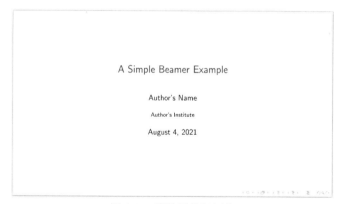

图 9-2　编译后的幻灯片

　　在上例中，选项 aspectratio 对应着长宽比，数字 169 对应着长宽比 16 ∶ 9，类似的，149、54、32 对应的长宽比分别为 14 ∶ 9、5 ∶ 4、3 ∶ 2。

9.1.2　frame 环境

frame 这个词在计算机编程中非常常见，这一英文单词按字面意思可以翻译为"帧"。假如我们将幻灯片视作"连环画"，它是由一页一页单独的幻灯片组成的，那么每一页幻灯片都对应着连环画中的帧。使用 beamer 制作幻灯片时，幻灯片就是用 frame 环境创建出来的，但有时候为了让幻灯片产生动画视觉效果，beamer 中的帧（即 frame）与每页幻灯片并非严格地一一对应。

在 beamer 中，制作幻灯片的环境为 \begin{frame} \end{frame}。在由 \begin{document} \end{document} 构成的主体代码中使用这一环境便能制作出一页一页幻灯片，beamer 文档类型将每一个 frame 环境对应着一页幻灯片。当然，为了简化代码，有时候也可以直接用 \frame{} 命令囊括幻灯片内容。

在 frame 环境中，创建幻灯片标题和副标题的命令分别为 \frametitle{} 和 \framesubtitle{}，标题和副标题一般位于幻灯片的顶部，标题的字号比副标题稍大一点。

【例 9-3】使用 beamer 中的 \frame{}、\frametitle{} 和 \framesubtitle{} 命令创建一个简单的幻灯片，代码如下所示。

```
\documentclass{beamer}
\usefonttheme{professionalfonts}
\begin{document}
\frame{
\frametitle{Parent function}
\framesubtitle{A short list}
Please check out the following parent function list.
\begin{enumerate}
\item $y=x$
\item $y=|x|$
\item $y=x^{2}$
\item $y=x^{3}$
\item $y=x^{b}$
\end{enumerate}
}
\end{document}
```

编译上述代码，得到的幻灯片如图 9-3 所示。

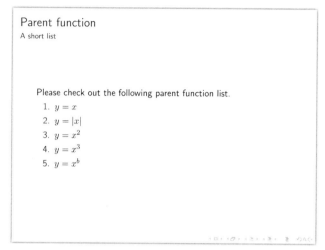

图 9-3 编译后的幻灯片

实际上，beamer 与其他文档类型并没有特别大的差异，常规文档中的基本列表环境都可以在 beamer 中使用。基本列表环境除了包括这里的有序列表环境 \begin{enumerate} \end{enumerate}，也包括无序列表环境 \begin{itemize} \end{itemize} 和解释性列表环境 \begin{description} \end{description}。

【例 9-4】使用 beamer 中的 \begin{frame} \end{frame} 环境创建一个简单的幻灯片，代码如下所示。

```
\documentclass{beamer}
\usefonttheme{professionalfonts}
\begin{document}
\begin{frame}
\frametitle{Parent function}
\framesubtitle{A short list}
Please check out the following parent function list.
\begin{enumerate}
\item $y=x$
\item $y=|x|$
\item $y=x^{2}$
\item $y=x^{3}$
\item $y=x^{b}$
\end{enumerate}
\end{frame}
\end{document}
```

编译上述代码，得到的幻灯片如图 9-4 所示。

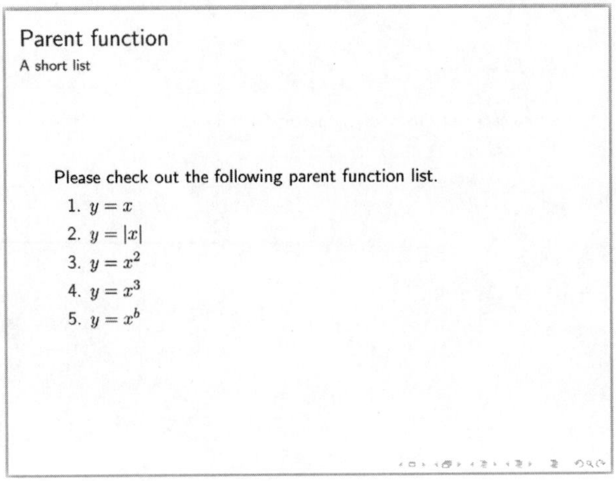

图 9-4　编译后的幻灯片

使用 beamer 制作幻灯片时，幻灯片内容会在标题下方自动居中对齐。如果想调整对齐方式，那么我们可以在 \begin{frame} \end{frame} 环境中设置参数。具体而言，参数有以下几种。

- \begin{frame}[c] \end{frame} 表示居中对齐，字母 c 对应着英文单词 center 的首字母。一般而言，[c] 作为默认参数，无需专门设置。
- \begin{frame}[t] \end{frame} 中的 [t] 可以让幻灯片内容顶部对齐。其中，字母 t 对应着英文单词 top 的首字母。
- \begin{frame}[b] \end{frame} 中的 [b] 可以让幻灯片内容底部对齐。其中，字母 b 对应着英文单词 bottom 的首字母。

【例 9-5】使用 beamer 中的 \begin{frame} \end{frame} 环境创建一个简单的幻灯片，并让幻灯片内容顶部对齐，代码如下所示。

```
\documentclass{beamer}
\usefonttheme{professionalfonts}
\begin{document}
\begin{frame}[t]
\frametitle{Parent function}
\framesubtitle{A short list}
Please check out the following parent function list.
\begin{enumerate}
\item $y=x$
```

```
\item $y=|x|$
\item $y=x^{2}$
\item $y=x^{3}$
\item $y=x^{b}$
\end{enumerate}
\end{frame}
\end{document}
```

编译上述代码，得到的幻灯片如图 9-5 所示。

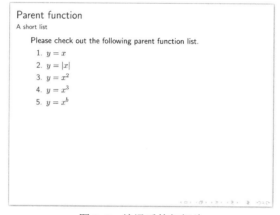

图 9-5 编译后的幻灯片

上面这些例子介绍了如何创建单页幻灯片，其实制作多页幻灯片的方式也是一样的，即使用 begin{frame} \end{frame} 环境。

【例 9-6】使用 beamer 中的 \begin{frame} \end{frame} 环境创建一个多页的幻灯片，代码如下所示。

```
\documentclass{beamer}
\title{The title}
\subtitle{The subtitle}
\author{Author's name}
\begin{document}
\begin{frame}
    \titlepage % 创建标题页
\end{frame}
\begin{frame}
\frametitle{Frame title}
The body of the frame.
```

```
\end{frame}
\end{document}
```

编译上述代码，得到的幻灯片如图 9-6 所示。

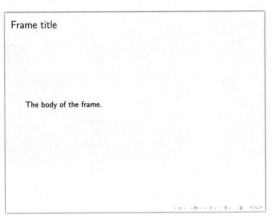

图 9-6　编译后的幻灯片

在幻灯片中，我们可以根据需要适当添加动画效果。beamer 编译后生成的是 PDF 文档，它将同一帧幻灯片的内容按照一定的次序拆分成若干页幻灯片显示出来，在播放时通过翻页达到"动态"的视觉效果。使用 beamer 制作幻灯片时，添加动画效果也有一些特定的命令，例如，使用 pause 命令便能添加简单的动画效果。

【例 9-7】使用 \pause 命令在 beamer 中添加一个简单的动画效果，代码如下所示。

```
\documentclass{beamer}
\usefonttheme{professionalfonts}
\begin{document}
\begin{frame}
\frametitle{Parent function}
\framesubtitle{A short list}
Please check out the following parent function list.
\begin{enumerate}
\item $y=x$
\pause
\item $y=|x|$
\pause
\item $y=x^{2}$
\pause
\item $y=x^{3}$
```

```
\pause
\item $y=x^{b}$
\end{enumerate}
\end{frame}
\end{document}
```

编译上述代码，得到的幻灯片如图 9-7 所示。

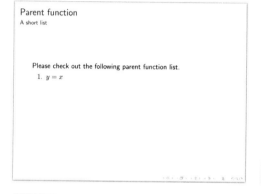
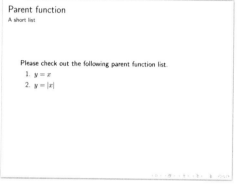

图 9-7 编译后的幻灯片

在上例中，列表中的动画效果是通过 \pause 命令添加的。实际上，任何文本和段落均可通过 \pause 命令来添加动画效果。比 \pause 命令添加动画效果更加灵活的方法是使用 \item<A-B> 组合。其中，位置 A 和位置 B 可以标记当前动画的帧数，它们分别对应着起始和终止帧数。

【例 9-8】使用 \item<A-B> 组合在 beamer 中添加一个简单的动画效果，代码如下所示。

```
\documentclass{beamer}
\usefonttheme{professionalfonts}
\begin{document}
\begin{frame}
\frametitle{Parent function}
\framesubtitle{A short list}
Please check out the following parent function list.
\begin{enumerate}
\item<1-4> $y=x$
\item<2-4> $y=|x|$
\item<3-4> $y=x^{2}$
\item<4-> $y=x^{3}$
\item<4-> $y=x^{b}$
\end{enumerate}
\end{frame}
\end{document}
```

编译上述代码，得到的幻灯片如图 9-8 所示。

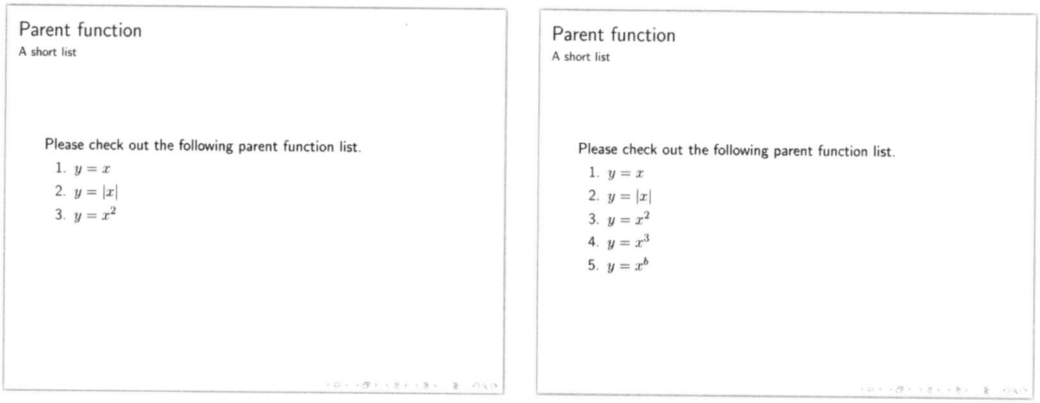

图 9-8　编译后的幻灯片

其他几种具有类似功能的命令为 \only<>{}、\uncover<>{} 和 \alert<>{}{}。以 \alert{}命令为例，它能将文本进行高亮处理。

【例 9-9】 使用 \alert{} 命令在 beamer 中添加一个简单的动画效果，代码如下所示。

```
\documentclass{beamer}
\usefonttheme{professionalfonts}
\begin{document}
\begin{frame}[fragile]
\frametitle{Parent function}
\framesubtitle{A short list}
Please check out the following \alert<2->{parent function} list.
\begin{enumerate}
\item $y=x$
\item $y=|x|$
\item $y=x^{2}$
\item $y=x^{3}$
\item $y=x^{b}$
\end{enumerate}
\end{frame}
\end{document}
```

编译上述代码，得到的幻灯片如图 9-9 所示。

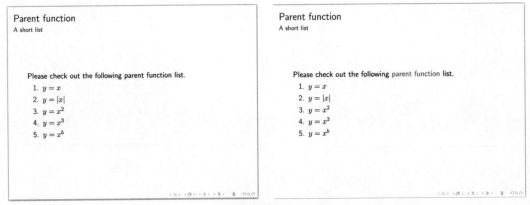

图 9-9　编译后的幻灯片

　　需要注意的是，这些命令的使用方法比较灵活。例如，在 \item<A, B, C> 命令中可以指定所需要显示的帧数。

　　【例 9-10】使用 \item<A, B, C> 组合在 beamer 中添加一个简单的动画效果，代码如下所示。

```
\documentclass{beamer}
\usefonttheme{professionalfonts}
\begin{document}
\begin{frame}
\frametitle{Parent function}
\framesubtitle{A short list}
Please check out the following parent function list.
\begin{enumerate}
\item $y=x$
\item $y=|x|$
\item<2, 3, 4> $y=x^{2}$
\item<3, 4> $y=x^{3}$
\item<4> $y=x^{b}$
\end{enumerate}
\end{frame}
\end{document}
```

　　编译上述代码，得到的幻灯片如图 9-10 所示。

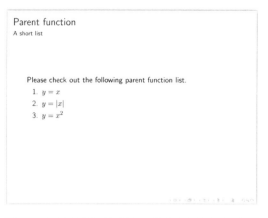
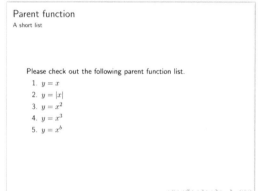

图 9-10 编译后的幻灯片

9.1.3 生成目录

一般而言，在用于学术汇报的幻灯片中，汇报内容的目录会紧随幻灯片首页。当整个幻灯片内容较多时，目录就显得格外重要，因为它既可以让听众对汇报内容有一个大致的了解，也可以帮助汇报人在制作幻灯片时反复梳理脉络。使用 beamer 制作幻灯片可以沿用 LaTeX 制作常规文档时自动生成目录的方式。

在 LaTeX 中制作常规文档时，我们使用 \tableofcontents 命令自动生成文档的目录，这一命令在用 beamer 制作幻灯片时依然适用。在 beamer 中，使用 \tableofcontents 命令生成的目录实际上是超链接，点击之后会自动跳转至相应章节，创建各个章节可采用 \section{} 和 \subsection{} 等一系列命令。当我们需要让目录不显示子标题（使用 \subsection{} 命令创建的内容）时，只需要使用 \tableofcontents[hideallsubsections] 命令即可。

【例 9-11】在 beamer 中使用 \tableofcontents 命令生成幻灯片的目录，代码如下所示。

```
\documentclass{beamer}
\begin{document}
\begin{frame}{Table of Contents}
\tableofcontents
\end{frame}
\section{Intro to Beamer}
\subsection{About Beamer}
\subsection[Basic Structure]{Basic Structure}
\subsection{How to Compile}
\section{Overlaying Concepts}
\subsection{Specifications}
\subsection[Examples]{Examples: Lists, Graphics, Tables}
\section[Sparkle]{Adding that Sparkle}
\subsection{Sections}
\subsection{Themes}
\section*{References}
\begin{frame}
\end{frame}
\end{document}
```

编译上述代码，得到的幻灯片如图 9-11 所示。

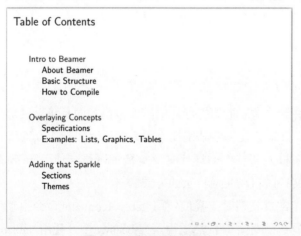

图 9-11　编译后的幻灯片

生成目录时，我们也能自定义目录的动画格式。最简单的自定义方式是在 \tableofcontents 命令中设置参数，即 \tableofcontents[pausesections]，同时在前导代码中声明 \setbeamercovered{dynamic} 语句。

【例 9-12】在 beame 中使用 \tableofcontents 命令生成幻灯片的目录，同时使用 \tableofcontents[pausesections] 命令设置目录的动画格式，代码如下所示。

```
\documentclass{beamer}
\setbeamercovered{dynamic}
\begin{document}
\begin{frame}
\frametitle{Table of Contents}
\tableofcontents[pausesections]
\end{frame}
\section{Intro to Beamer}
\subsection{About Beamer}
\subsection[Basic Structure]{Basic Structure}
\subsection{How to Compile}
\section{Overlaying Concepts}
\subsection{Specifications}
\subsection[Examples]{Examples: Lists, Graphics, Tables}
\section[Sparkle]{Adding that Sparkle}
\subsection{Sections}
\subsection{Themes}
\section*{References}
\begin{frame}
\end{frame}
\end{document}
```

编译上述代码，得到的幻灯片如图 9-12 所示。

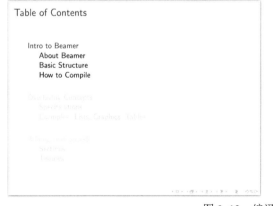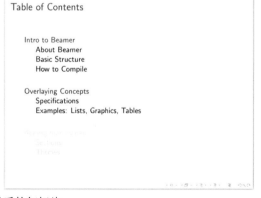

图 9-12　编译后的幻灯片

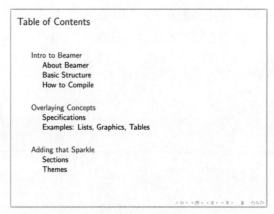

图 9-12 （续）

9.1.4　插入表格

在 beamer 制作的幻灯片中新建表格，其建立规则和在常规文档中创建表格是一致的。这种一致性体现在表格环境、对齐规则、自动编号、标签设置和引用、表格标题等多方面。简单来说，我们可以使用 \begin{tabular} \end{tabular} 环境创建表格。

【例 9-13】使用 \begin{tabular} \end{tabular} 环境给幻灯片制作一个表格，代码如下所示。

```
\documentclass{beamer}
\begin{document}
\begin{frame}
\begin{tabular}{ccc}
cell1 & cell2 & cell3 \\
cell4 & cell5 & cell6 \\
\end{tabular}
\end{frame}
\end{document}
```

编译上述代码，得到的幻灯片如图 9-13 所示。

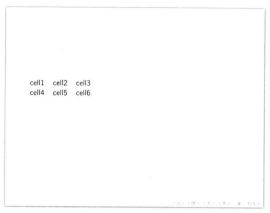

图 9-13 编译后的幻灯片

这样创建出来的表格是没有边框的，不过，在 \begin{tabular} \end{tabular} 环境中可以使用 \hline 命令加入横杠，代码如下所示。

```
\begin{tabular}{ccc}
\hline
cell1 & cell2 & cell3 \\
\hline
cell4 & cell5 & cell6 \\
\hline
\end{tabular}
```

在 \begin{tabular} \end{tabular} 环境中也可以自行设置表头。

【例 9-14】使用 \begin{tabular} \end{tabular} 环境给幻灯片制作一个完整的表格，代码如下所示。

```
\documentclass{beamer}
\usepackage{booktabs}
\begin{document}
\begin{frame}
\begin{table}
\begin{tabular}{l|ccc}
\toprule
& \textbf{header3} & \textbf{header4} & \textbf{header5} \\
\midrule
\textbf{header1} & cell1 & cell2 & cell3 \\
\midrule
```

```
\textbf{header2} & cell4 & cell5 & cell6 \\
\bottomrule
\end{tabular}
\end{table}
\end{frame}
\end{document}
```

编译上述代码，得到的幻灯片如图 9-14 所示。

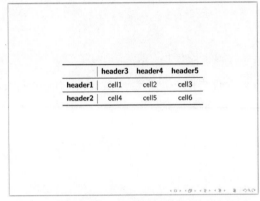

图 9-14　编译后的幻灯片

【例 9-15】在 beamer 中使用 \begin{table} \end{table} 环境制作一个简单的表格，代码如下所示。

```
\documentclass{beamer}
\begin{document}
\begin{frame}
\begin{table}[bt]
\begin{tabular}{|l|c|c|} \hline
\textbf{Code Structure} & \textbf{Component} & \textbf{Others} \\
\hline
preamble & figures & title \\
body & tables & footline \\
& equations & list \\
& normal texts & block \\
\hline
\end{tabular}
\end{table}
\end{frame}
```

```
\end{document}
```

编译上述代码，得到的幻灯片如图 9-15 所示。

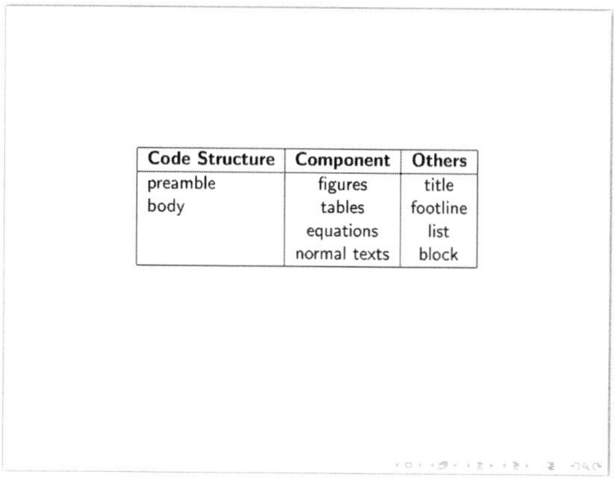

Code Structure	Component	Others
preamble	figures	title
body	tables	footline
	equations	list
	normal texts	block

图 9-15　编译后的幻灯片

在幻灯片中，为了达到一定的动画效果，可以使用 \uncover{} 命令设置动画格式。具体而言，在 \uncover<A-B>{C} 命令中，位置 A 和位置 B 可以标记当前动画的起始和终止帧，位置 C 为具体的动画内容。

【例 9-16】在 beamer 中使用 \begin{table} \end{table} 环境制作一个简单的表格，并使用 \uncover{} 命令设置动画格式，代码如下所示。

```
\documentclass{beamer}
\begin{document}
\begin{frame}
\begin{table}[bt]
\begin{tabular}{|l|c|c|} \hline
\textbf{Code Structure} & \textbf{Component} & \textbf{Others} \\
\hline
\uncover<1->{preamble} & \uncover<2->{figures} & \uncover<3->{title} \\
\uncover<1->{body} & \uncover<2->{tables} & \uncover<3->{footline} \\
& \uncover<2->{equations} & \uncover<3->{list} \\
& \uncover<2->{normal texts} & \uncover<3->{block} \\
\hline
\end{tabular}
\end{table}
\end{frame}
\end{document}
```

编译上述代码，得到的幻灯片如图 9-16 所示。

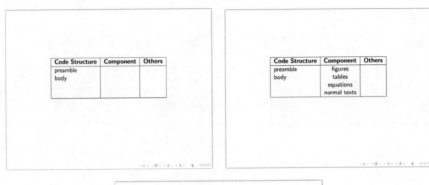

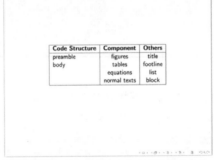

图 9-16　编译后的幻灯片

在上例子中，所编译出来的幻灯片有三页，相应的内容由 \uncover{} 命令控制，没有用 \uncover{} 命令标记的内容会在所有幻灯片中显示出来。

9.1.5　插入程序源代码

使用 beamer 制作幻灯片时，我们可以使用 verbatim 宏包中的 \begin{verbatim} \end{verbatim} 环境插入程序源代码。相应地，我们要 \begin{frame}[fragile] \end{frame} 环境中添加 fragile 选项，否则会导致编译报错而达不到想要的幻灯片效果。

【例 9-17】在 beamer 中使用 \begin{frame}[fragile] \end{frame} 和 \begin{verbatim} \end{verbatim} 环境插入几行简单的 Python 程序，代码如下所示。

```
\documentclass{beamer}
\usefonttheme{professionalfonts}
\usepackage{verbatim}
\begin{document}
\begin{frame}[fragile]
\frametitle{Parent function}
```

```
\framesubtitle{A short list}
Please check out the following parent function list.
\begin{enumerate}
\item $y=x$
\item $y=|x|$
\item $y=x^{2}$
\item $y=x^{3}$
\item $y=x^{b}$
\end{enumerate}
\textbf{Python code:}
\begin{verbatim}
import numpy as np
b = 5
y = np.zeros(100)
for x in range(1, 101):
    y[x] = x ** b
\end{verbatim}
\end{frame}
\end{document}
```

编译上述代码，得到的幻灯片如图 9-17 所示。

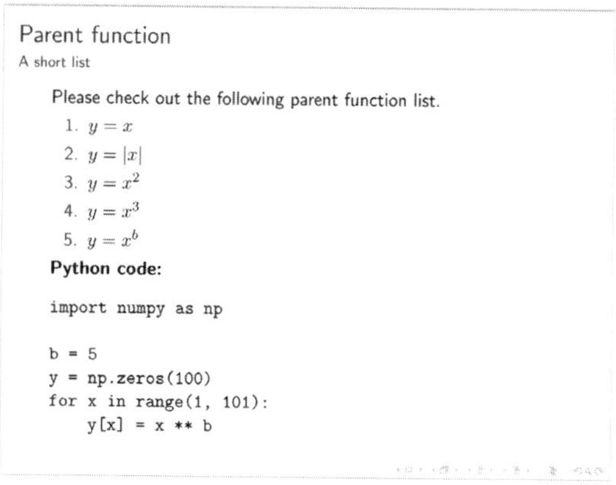

图 9-17　编译后的幻灯片

除了 verbatim 宏包，我们还可以使用 listings 宏包中的 \begin{lstlistings} \end{lstlistings} 环境插入程序源代码。

【例 9-18】在 beamer 中使用 \begin{frame}[fragile] \end{frame} 和 \begin{lstlistings} \end{lstlistings} 环境插入几行简单的 Python 程序，代码如下所示。

```
\documentclass{beamer}
\usefonttheme{professionalfonts}
\usepackage{listings}
\begin{document}
\begin{frame}[fragile]
\frametitle{Parent function}
\framesubtitle{A short list}
Please check out the following parent function list.
\begin{enumerate}
\item $y=x$
\item $y=|x|$
\item $y=x^{2}$
\item $y=x^{3}$
\item $y=x^{b}$
\end{enumerate}
\textbf{Python code:}
\begin{lstlisting}
import numpy as np
b = 5
y = np.zeros(100)
for x in range(1, 101):
    y[x] = x ** b
\end{lstlisting}
\end{frame}
\end{document}
```

编译上述代码，得到的幻灯片如图 9-18 所示。

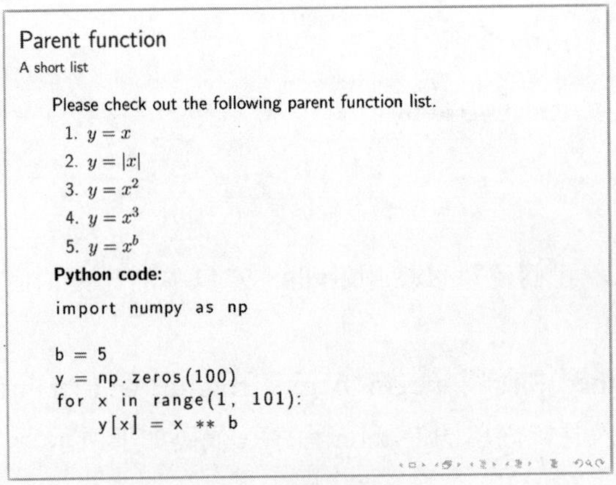

图 9-18   编译后的幻灯片

9.1.6　文本排版

在 beamer 中，我们可以使用一些现成的工具及环境对文本进行排版，这就包括了分栏和文本框。分栏的环境为 \begin{columns} \end{columns}，它一般配合 \column{} 命令一起使用。

【例 9-19】在 beamer 中使用 \begin{columns} \end{columns} 环境制作一个分栏的幻灯片，代码如下所示。

```
\documentclass{beamer}
\usefonttheme{professionalfonts}
\begin{document}
\begin{frame}
\frametitle{Example}
\textbf{Here is a simple example:}
\vspace{2em}
\begin{columns}
\column{0.5\textwidth}
The first column for showing the command column.
\column{0.5\textwidth}
The second column for showing the command column.
\end{columns}
\end{frame}
\end{document}
```

编译上述代码，得到的幻灯片如图 9-19 所示。

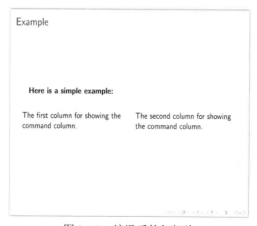

图 9-19　编译后的幻灯片

在幻灯片中加入一些方块可用于突出内容，一般使用方块的文本包括数学定理、引理、证明、示例等，因此创建方块的环境包括 block（常规的方块）、theorem（定理）、lemma（引理）、proof（证明）、example（示例）、alertblock（着重突出的方块）。

【例 9-20】在 beamer 中使用 \begin{block} \end{block}、\begin{example} \end{example} 和 \begin{alertblock} \end{alertblock} 等环境创建方块，代码如下所示。

```
\documentclass{beamer}
\usetheme{Copenhagen}
\begin{document}
\begin{frame}
\frametitle{Example}
\textbf{Here are some simple examples:}
\vspace{2em}
\begin{block}{Block}
Beamer is a {\LaTeX} class for creating presentations.
\end{block}
\begin{example}{Example block}
Beamer is a {\LaTeX} class for creating presentations.
\end{example}
\begin{alertblock}{Alert block}
Beamer is a {\LaTeX} class for creating presentations.
\end{alertblock}
\end{frame}
\end{document}
```

编译上述代码，得到的幻灯片如图 9-20 所示。

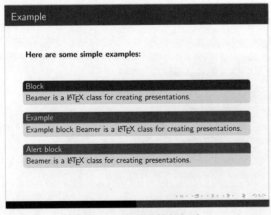

图 9-20　编译后的幻灯片

9.2　beamer 主题样式

beamer 的一大特色就是有现成的幻灯片主题样式可供选择和直接使用。主题样式对幻灯片的演示效果起到十分重要的作用。简而言之，主题样式就是幻灯片的"外观"。beamer 提供的每种主题样式都具有良好的可用性和可读性，这也使得 beamer 制作出来的幻灯片看起来十分专业。

9.2.1　基本介绍

使用 beamer 制作幻灯片时，我们可以选择很多已经封装好的幻灯片主题样式，不同样式具有不同的视觉效果。其实，使用这些主题样式的方法非常简单，通常只需要在前导代码中插入 \usetheme{} 命令即可。例如，调用 Copenhagen（哥本哈根主题样式），只需要在前导代码中声明 \usetheme{Copenhagen}，通过这种方式调用主题样式是非常省事的。

在 beamer 中，有几十种主题样式可供选择和使用，常用的主题样式包括以下这些。

Berlin：柏林主题样式，默认样式为蓝色调。

Copenhagen：哥本哈根主题样式，默认样式为蓝色调。

CambridgeUS：英国剑桥主题样式，默认样式为红色调。

Berkeley：伯克利主题样式，默认样式为蓝色调。

Singapore：新加坡主题样式。

Warsaw：默认样式为蓝色调。

【例 9-21】在 beamer 中使用 CambridgeUS 制作一个简单的幻灯片，代码如下所示。

```
\documentclass{beamer}
\usetheme{CambridgeUS}
\begin{document}
\begin{frame}{Example}
This is a simple example for the CambridgeUS theme.
\end{frame}
\end{document}
```

编译上述代码，得到的幻灯片如图 9-21 所示。

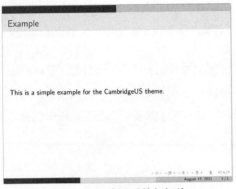

图 9-21   编译后的幻灯片

当然，我们也能够使用 \usecolortheme{} 命令调整这些主题样式的色调。这些色调包括 beetle、beaver、orchid、whale、dolphin 等。因此，我们能够得到更多的组合样式，具体可点击 https://hartwork.org/beamer-theme-matrix/，参考该网站提供的组合样式矩阵。

【例 9-22】在 beamer 中使用 CambridgeUS，并用 dolphin 色调制作一个简单的幻灯片，代码如下所示。

```
\documentclass{beamer}
\usetheme{CambridgeUS}
\usecolortheme{dolphin}
\begin{document}
\begin{frame}{Example}
This is a simple example for the CambridgeUS theme with dolphin (color
theme).
\end{frame}
\end{document}
```

编译上述代码，得到的幻灯片如图 9-22 所示。

图 9-22   编译后的幻灯片

9.2.2 字体设置

实际上，我们可以调用字体样式对幻灯片的文本字体进行调整。具体来说，我们要在前导代码中使用命令 \usefonttheme{A}，并在位置 A 填写字体类型，如 serif。

【例 9-23】使用 beamer 创建一个简单的幻灯片，并在前导代码中声明使用 serif 对应的字体样式，代码如下所示。

```
\documentclass{beamer}
\usefonttheme{serif}
\begin{document}
\begin{frame}
This is a simple example for using \alert{serif} font theme.
\end{frame}
\end{document}
```

编译上述代码，得到的幻灯片如图 9-23 所示。

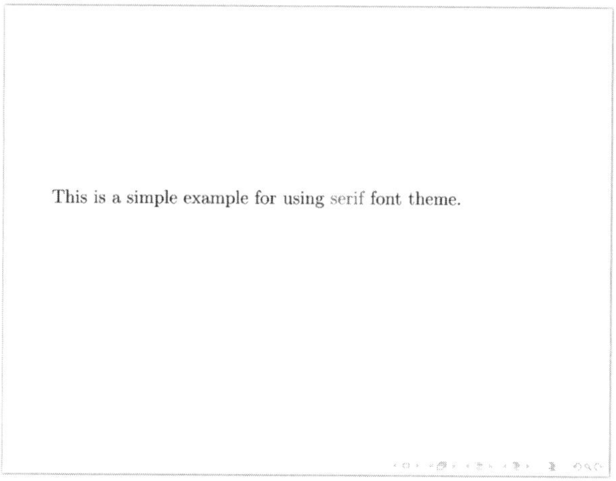

This is a simple example for using serif font theme.

图 9-23 编译后的幻灯片

我们知道：在常规文档中，可以使用各种字体对应的宏包来调用字体，命令为 \usepackage{A}，位置 A 填写的一般是字体类型。字体类型包括 serif、avant、bookman、chancery、charter、euler、helvet、mathtime、mathptm、mathptmx、newcent、palatino、pifont、utopia 等。

【例 9-24】使用 beamer 创建一个简单的幻灯片，并在前导代码中声明使用字体 palatino 对应的宏包，代码如下所示。

```
\documentclass{beamer}
\usepackage{palatino}
\begin{document}
\begin{frame}
This is a simple example for using \alert{palatino} font.
\end{frame}
\end{document}
```

编译上述代码，得到的幻灯片如图 9-24 所示。

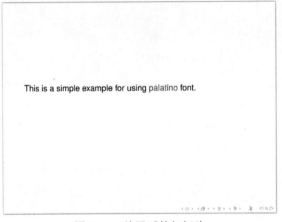

图 9-24　编译后的幻灯片

9.2.3　表格字体大小

使用 beamer 制作表格，当我们想对表头或者表格内文字的大小进行调整时，可以先在前导代码中声明使用 caption 宏包，命令为 \usepackage{caption}，然后设置具体的字体大小即可。例如，使用 \captionsetup{font = scriptsize, labelfont = scriptsize} 命令，可以将表头和表格内文字的大小调整为 scriptsize。

【例 9-25】使用 \begin{table} \end{table} 环境创建一个简单的表格，并使用 caption 宏包将表头的字体大小设置为 Large、将表格内文字的大小设置为 large，代码如下所示。

```
\documentclass{beamer}
\usepackage{booktabs}
\usepackage{caption}
\captionsetup{font = large, labelfont = Large}
\begin{document}
```

```
\begin{frame}
\begin{table}
\caption{A simple table.}
\begin{tabular}{l|ccc}
\toprule
& \textbf{header3} & \textbf{header4} & \textbf{header5} \\
\midrule
\textbf{header1} & cell1 & cell2 & cell3 \\
\midrule
\textbf{header2} & cell4 & cell5 & cell6 \\
\bottomrule
\end{tabular}
\end{table}
\end{frame}
\end{document}
```

编译上述代码，得到的幻灯片如图 9-25 所示。

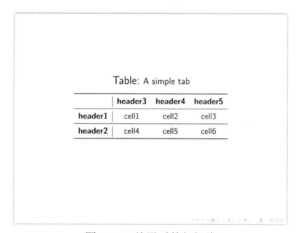

图 9-25　编译后的幻灯片

　　其中，单就设置表头的字体大小而言，除了可以使用 caption 宏包之外，还可以通过对幻灯片设置全局参数达到调整字体大小的目的。例如，可使用 \setbeamerfont{caption}{size = \Large} 命令将表头的字体设置为大号。

9.2.4　样式调整

　　在 beamer 中，除了可以使用各种主题样式之外，也可以根据幻灯片组成部分，分别对侧边栏、导航栏及 logo 等进行调整。其中，侧边栏是由所选幻灯片主题样式自动生成的，主要用于显示幻灯片目录。当需要显示幻灯片的层次时，可使用侧边栏进行目录索引。

【例 9-26】使用 Berkeley，并将侧边栏显示在右侧，代码如下所示。

```
\documentclass{beamer}
\PassOptionsToPackage{right}{beamerouterthemesidebar}
\usetheme{Berkeley}
\usefonttheme{professionalfonts}
\begin{document}
\begin{frame}
\frametitle{Parent function}
\framesubtitle{A short list}
Please check out the following parent function list.
\begin{enumerate}
\item $y=x$
\item $y=|x|$
\item $y=x^{2}$
\item $y=x^{3}$
\item $y=x^{b}$
\end{enumerate}
\end{frame}
\end{document}
```

编译上述代码，得到的幻灯片如图 9-26 所示。

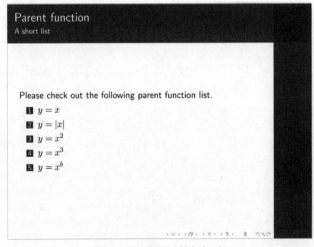

图 9-26　编译后的幻灯片

很多时候我们会发现，在各类学术汇报中，幻灯片的首页通常会有主讲人所在研究机构的 logo。在 beamer 中添加 logo，有 \logo 和 \titlegraphic 两个命令可供使用。使用 \logo 命令添加的 logo 会在每一页幻灯片中都显示，而使用 \titlegraphic 命令添加的 logo 则只出现在标题页。

【例 9-27】使用 \logo 命令在幻灯片中添加 logo，代码如下所示。

```
\documentclass{beamer}
\usefonttheme{professionalfonts}
\title{A Simple Beamer Example}
\author{Author's Name}
\institute{Author's Institute}
\logo{\includegraphics[width=2cm]{logopolito}}
\begin{document}
\begin{frame}
\titlepage
\end{frame}
\begin{frame}{Parent function}{A short list}
Please check out the following parent function list.
\begin{enumerate}
\item $y=x$
\item $y=|x|$
\item $y=x^{2}$
\item $y=x^{3}$
\item $y=x^{b}$
\end{enumerate}
\end{frame}
\end{document}
```

编译上述代码，得到的幻灯片如图 9-27 所示。

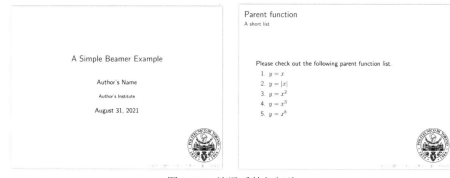

图 9-27　编译后的幻灯片

【例 9-28】使用 \titlegraphic 命令在幻灯片的标题页添加 logo，代码如下所示。

```
\documentclass{beamer}
\usefonttheme{professionalfonts}
\title{A Simple Beamer Example}
\author{Author's Name}
\institute{Author's Institute}
\titlegraphic{\includegraphics[width=2cm]{logopolito}\hspace*{4.75cm}~
    \includegraphics[width=2cm]{logopolito}
}
\begin{document}
\begin{frame}
\titlepage
\end{frame}
\begin{frame}{Parent function}{A short list}
Please check out the following parent function list.
\begin{enumerate}
\item $y=x$
\item $y=|x|$
\item $y=x^{2}$
\item $y=x^{3}$
\item $y=x^{b}$
\end{enumerate}
\end{frame}
\end{document}
```

编译上述代码，得到的幻灯片如图 9-28 所示。

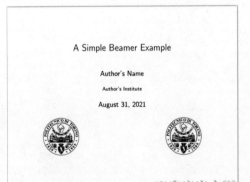
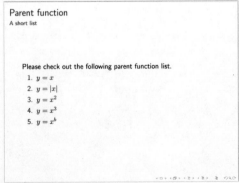

图 9-28　编译后的幻灯片

9.3　beamer 文本编辑

使用 beamer 制作幻灯片时，设计文本框与添加参考文献是 beamer 文本编辑中非常重要的组成部分。

9.3.1　文本框

【**例 9-29**】使用 beamer 创建一个简单的幻灯片，并使用 block 环境插入一个文本框，代码如下所示。

```
\documentclass{beamer}
\usefonttheme{professionalfonts}
\usetheme{Copenhagen}
\begin{document}
\begin{frame}
\begin{center}
\begin{minipage}{3.5cm}
\begin{block}{}
Our first text block.
\end{block}
\end{minipage}
\end{center}
\end{frame}
\end{document}
```

编译上述代码，得到的幻灯片如图 9-29 所示。

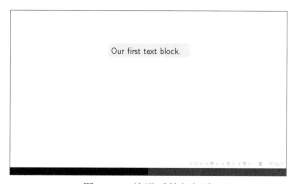

图 9-29　编译后的幻灯片

9.3.2 参考文献

通常来说，用于学术汇报的幻灯片时常需要添加与本研究相关的参考文献作为支撑材料。使用 LaTeX 制作常规文档时，最常用的文献管理工具是 Bibtex，但由于 beamer 并不支持编译 Bibtex，因此，拓展名为 .bib 的文献管理文件在 beamer 中是无法使用的。不过，我们可以使用 \begin{thebibliography} \end{thebibliography} 环境添加参考文献。

在使用 LaTeX 创建的常规文档中，通过 \begin{thebibliography} \end{thebibliography} 环境添加参考文献比较简单。有了参考文献的条目和标签，在正文中使用 \cite{} 命令引用标签，便可让参考文献显示出来。这种做法在 beamer 中也是适用的，只不过在添加参考文献时，我们需要用命令指定文献的类型。例如，\beamertemplatebookbibitems 命令对应着著作，而 \beamertemplatearticlebibitems 命令则对应着论文。需要注意的是，为了避免文献数量过多而导致参考文献页面排版出现问题，我们可以在 \begin{frame}[allowframebreaks] \end{frame} 环境中声明自动跨页。

【例 9-30】使用 beamer 创建幻灯片，并在 \begin{thebibliography} \end{thebibliography} 环境中创建参考文献，代码如下所示。

```
\documentclass{beamer}
\usetheme{CambridgeUS}
\begin{document}
\begin{frame}
\frametitle{Reference Example}
If you have any interest in matrix computations, please referring to
\cite{golub2013matrix, petersen2008the}.
\end{frame}
\begin{frame}
\frametitle<presentation>{Further Reading}
\begin{thebibliography}{10}
  \beamertemplatebookbibitems
  \bibitem{golub2013matrix}
    Gene H. Golub and Charles F. Van Loan.
    \newblock {\em Matrix computations}.
    \newblock JHU press, 2013.
  \beamertemplatearticlebibitems
  \bibitem{petersen2008the}
    Kaare Brandt Petersen, Michael Syskind Pedersen.
    \newblock The matrix cookbook.
```

```
    \newblock {\em Technical University of Denmark}, 510, 2008.
\end{thebibliography}
\end{frame}
\end{document}
```

编译上述代码，得到的幻灯片如图 9-30 所示。

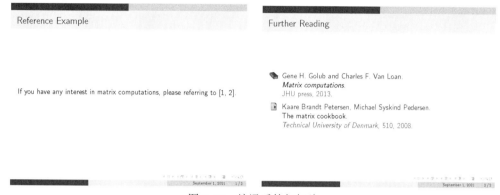

图 9-30　编译后的幻灯片

【例 9-31】使用 beamer 创建幻灯片，并在 \begin{thebibliography} \end{thebibliography} 环境中创建参考文献，且需要对幻灯片声明自动跨页，代码如下所示。

```
\documentclass{beamer}
\usetheme{CambridgeUS}
\begin{document}
\begin{frame}
\frametitle{Reference Example}
If you have any interest in matrix computations, please referring to
\cite{golub2013matrix, petersen2008the}.
\end{frame}
\begin{frame}[allowframebreaks]
\frametitle<presentation>{Further Reading}
\begin{thebibliography}{10}
  \beamertemplatebookbibitems
  \bibitem{golub2013matrix}
    Gene H. Golub and Charles F. Van Loan.
    \newblock {\em Matrix computations}.
    \newblock JHU press, 2013.
  \beamertemplatearticlebibitems
  \bibitem{petersen2008the}
```

```
        Kaare Brandt Petersen, Michael Syskind Pedersen.
        \newblock The matrix cookbook.
        \newblock {\em Technical University of Denmark}, 510, 2008.
    \beamertemplatebookbibitems
    \bibitem{golub2013matrix}
        Gene H. Golub and Charles F. Van Loan.
        \newblock {\em Matrix computations}.
        \newblock JHU press, 2013.
    \beamertemplatearticlebibitems
    \bibitem{petersen2008the}
        Kaare Brandt Petersen, Michael Syskind Pedersen.
        \newblock The matrix cookbook.
        \newblock {\em Technical University of Denmark}, 510, 2008.
    \beamertemplatebookbibitems
    \bibitem{golub2013matrix}
        Gene H. Golub and Charles F. Van Loan.
        \newblock {\em Matrix computations}.
        \newblock JHU press, 2013.
    \beamertemplatearticlebibitems
    \bibitem{petersen2008the}
        Kaare Brandt Petersen, Michael Syskind Pedersen.
        \newblock The matrix cookbook.
        \newblock {\em Technical University of Denmark}, 510, 2008.
\end{thebibliography}
\end{frame}
\end{document}
```

编译上述代码，得到的幻灯片如图 9-31 所示。

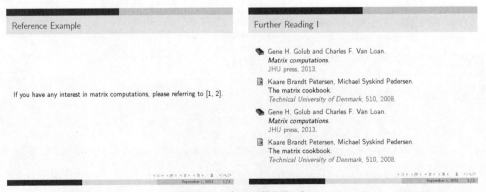

图 9-31　编译后的幻灯片

Further Reading II

Gene H. Golub and Charles F. Van Loan.
Matrix computations.
JHU press, 2013.

Kaare Brandt Petersen, Michael Syskind Pedersen.
The matrix cookbook.
Technical University of Denmark, 510, 2008.

图 9-31 （续）

第 10 章

LaTeX 进阶

LaTeX 除了可用于科研论文、科技报告及幻灯片方面文档的制作，还有很多丰富的功能。例如，LaTeX 中有很多海报模板和简历模板，可供制作精美的海报和简洁的简历，而这些都是科研工作者经常要用到的。不过，要将 LaTeX 的这些功能用好，需学会写代码。而且，添加程序源代码和算法伪代码对于科研报告来说往往是必要且有效的，因为代码可以展现计算机编程的思路和算法，可以供读者学习和使用。所以，能够添加简洁优美、整齐大方的源代码和伪代码是科研工作者需要掌握的一项重要技能。

本章结合大多数科研工作者的总体需要，将主要介绍添加程序源代码、算法伪代码、海报制作和简历制作等内容。

10.1　添加程序源代码

很多时候，在技术文档中添加程序源代码具有一定的必要性，这源于以下原因。

- 在很多文档（如实验报告）中，程序源代码往往是重要组成部分，因此必须作为辅助材料放在文档末尾的附录中。
- 程序源代码既可以直接展现计算机编程的实现过程和细节，又可以评估实验的真实性，同时也能供读者学习和使用。

　　事实上，使用 LaTeX 制作文档时，添加程序源代码是一件看似简单但又比较考验技巧的事，因为在文档中添加程序源代码并不能通过简单的"复制＋粘贴"来实现。我们需要保持代码在原来程序语言中的格式，包括代码所采用的高亮颜色和等宽字体，目的都是为了让代码本来的面貌得以完美展现。

　　在 LaTeX 中，有很多宏包可供制作文档时添加程序源代码到正文或附录中，最常用的宏包包括 listings 和 minted 这两种。除此之外，还有一种非常简便的插入程序源代码的方式，即使用 \begin{verbatim} \end{verbatim} 环境。

10.1.1　使用 verbatim 插入程序源代码

　　在 LaTeX 中 插 入 Python 代 码 可 以 使 用 verbatim 环境，即在 \begin{verbatim} \end{verbatim} 之间插入代码，代码的文本字体是等宽的。需要注意的是，这一环境不会对程序源代码进行高亮处理。

　　【例 10-1】使用 verbatim 环境插入如下 Python 代码：

```python
import numpy as np
x = np.random.rand(4)
print(x)
```

具体代码如下所示。

```
\documentclass[12pt]{article}
\begin{document}
Python code example:
\begin{verbatim}
import numpy as np
x = np.random.rand(4)
print(x)
\end{verbatim}
\end{document}
```

编译后的效果如图 10-1 所示。

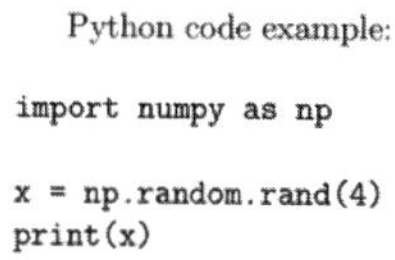

Python code example:

```
import numpy as np

x = np.random.rand(4)
print(x)
```

图 10-1　编译后的效果

10.1.2　使用 listings 插入程序源代码

如果要对程序源代码进行高亮处理，那么我们可以使用专门排版的宏包 listings。为此，除了可用 \usepackage{listings} 命令在前导代码中声明使用 listings 宏包，还可以根据需要自定义一些参数，例如，使用 color 命令自定义代码高亮。

【例 10-2】使用 listings 宏包插入如下 Python 代码：

```python
import numpy as np
x = np.random.rand(4)
print(x)
```

具体代码如下所示。

```latex
\documentclass[12pt]{article}
\usepackage{listings}
\begin{document}
Python code example:
\begin{lstlisting}[language = python]
import numpy as np
x = np.random.rand(4)
print(x)
\end{lstlisting}
\end{document}
```

编译后的效果如图 10-2 所示。

```
Python code example:
import numpy as np

x = np.random.rand(4)
print(x)
```

图 10-2　编译后的效果

【例 10-3】使用 listings 宏包插入 Python 代码，并自定义代码高亮，代码如下所示。

```latex
\documentclass[12pt]{article}
\usepackage{listings}
\usepackage{color}
\definecolor{codegreen}{rgb}{0,0.6,0}
\definecolor{codegray}{rgb}{0.5,0.5,0.5}
\definecolor{codepurple}{rgb}{0.58,0,0.82}
```

```
\definecolor{backcolour}{rgb}{0.95,0.95,0.92}
\lstdefinestyle{mystyle}{
    backgroundcolor=\color{backcolour},
    commentstyle=\color{codegreen},
    keywordstyle=\color{magenta},
    numberstyle=\tiny\color{codegray},
    stringstyle=\color{codepurple},
    basicstyle=\ttfamily\footnotesize,
    breakatwhitespace=false,
    breaklines=true,
    captionpos=b,
    keepspaces=true,
    numbers=left,
    numbersep=5pt,
    showspaces=false,
    showstringspaces=false,
    showtabs=false,
    tabsize=2
}
\lstset{style=mystyle}
\begin{document}
Python code example:
\begin{lstlisting}[language = python]
import numpy as np
x = np.random.rand(4)
print(x)
\end{lstlisting}
\end{document}
```

编译后的效果如图 10-3 所示。

Python code example:
```
1 import numpy as np
2
3 x = np.random.rand(4)
4 print(x)
```

图 10-3   编译后的效果

10.2　算法伪代码

算法这个词的英文是 algorithm，它几乎贯穿了计算机科学领域的各个方面。算法伪代码作为自然语言与类编程语言组成的混合结构，在描述算法结构和思路方面要比纯编程语言更简洁且可读性更好，也比自然语言更准确。同时，我们也能很容易地将算法伪代码转换成计算机程序。因此，在计算机相关的技术文档或文献中，适当使用算法伪代码解释技术架构会更便于读者理解。

在 LaTeX 中，有很多与创建算法伪代码相关的宏包，如 algorithm 和 algorithmic。我们只需要在前导代码中声明使用这些宏包，便可使用相应的算法伪代码环境。algorithm 提供的算法伪代码环境为 \begin{algorithm} \end{algorithm} 和 \begin{algorithmic} \end{algorithmic}。

【例 10-4】使用 algorithm 和 algorithmic 中相应的环境创建一个简单的算法伪代码，代码如下所示。

```latex
\documentclass[12pt]{article}
\usepackage{algorithm}
\usepackage{algorithmic}
\usepackage{amsmath, amsfonts}
\begin{document}
This is a simple example:
\begin{algorithm}
\renewcommand{\algorithmicrequire}{\textbf{Input:}}
\renewcommand{\algorithmicensure}{\textbf{Output:}}
\caption{Inner product of vectors}
\begin{algorithmic}[1]
\REQUIRE $\boldsymbol{x},\boldsymbol{y}\in\mathbb{R}^{n}$
\ENSURE $c$
\STATE $c=0$
\FOR{$i=1$ to $n$}
\STATE $c=c+x_iy_i$
\ENDFOR
\end{algorithmic}
\end{algorithm}
\end{document}
```

编译上述代码，得到的算法伪代码如图 10-4 所示。

This is a simple example:

Algorithm 1 Inner product of vectors

Input: $\boldsymbol{x}, \boldsymbol{y} \in \mathbb{R}^n$
Output: c
1: $c = 0$
2: **for** $i = 1$ to n **do**
3:     $c = c + x_i y_i$
4: **end for**

图 10-4　编译后的算法伪代码

在例子中，\renewcommand{\algorithmicrequire}{\textbf{Input:}} 命令表示将算法伪代码中的关键词 require 替换成 Input。同理，我们也能将关键词 ensure 替换成 Output。

除了 algorithm 和 algorithmic 这两个专门用于创建算法伪代码的宏包，还有一个常用的宏包，叫 algorithm2e。它创建出来的算法伪代码与 algorithm 创建的在样式上略有不同，algorithm2e 也提供了一种 \begin{algorithm} \end{algorithm} 环境。

【例 10-5】使用 algorithm 中 \begin{algorithm} \end{algorithm} 环境创建一个简单的算法伪代码，代码如下所示。

```
\documentclass[12pt]{article}
\usepackage[linesnumbered, boxed]{algorithm2e}
\usepackage{amsmath, amsfonts}
\begin{document}
This is a simple example:
\IncMargin{1em}
\begin{algorithm}
\SetKwInOut{Input}{Input}
\SetKwInOut{Output}{Output}
\caption{Inner product of vectors}
\Input{$\boldsymbol{x},\boldsymbol{y}\in\mathbb{R}^{n}$}
\Output{$c$}
$c=0$\;
\For{$i=1$ \KwTo $n$}{
$c=c+x_iy_i$\;
}
\end{algorithm}
\end{document}
```

编译上述代码，得到的算法伪代码如图 10-5 所示。

This is a simple example:

```
      Input  : x, y ∈ ℝⁿ
      Output: c
    1 c = 0;
    2 for i = 1 to n do
    3 │  c = c + xᵢyᵢ;
    4 end
```

Algorithm 1: Inner product of vectors

图 10-5　编译后的算法伪代码

在上例中，声明使用宏包 algorithm2e 时，我们将参数设置成了 linesnumbered 和 boxed。这两个参数分别表示对算法伪代码各行进行编号和对算法伪代码区域加边框。作为全局参数，它们会成为算法伪代码中的默认设置。

10.3　海　报　制　作

参加过各类学术会议或研讨会的读者可能会知道：在各类学术交流中，常用来汇报和展现学术成果的方式除了幻灯片，还有海报（poster）。

在 2010 年的时候，LaTeX 技术问答社区 TeX StackExchange 中有一个非常有趣的问题（网址为 https://tex.stackexchange.com/questions/341），问题的内容是"如何使用 LaTeX 制作在学术会议中展示研究成果的海报？有没有一些现成的文档类型可供使用？"。关于这个问题的讨论和回答非常精彩，其中提到了各种工具，而最引人注意的是 tikzposter 和 beamerposter 这两种工具。时至今日，tikzposter 和 beamerposter 已经成为制作海报最为常用的工具。从名字上看，它们分别与用于绘制图形的 tikz 和用于制作幻灯片的 beamer 密不可分。在这两种工具中，我们可以用到一些简单好用的命令和样式。

10.3.1　tikzposter

tikzposter 用于生成 PDF 格式的科学海报，包含前导代码和主体代码两个部分。前导代码主要用于海报基本信息的设定及宏包的调用，主题代码用来设计海报内容。

【例 10-6】使用 tikzposter 创建一个简单文档，并在前导代码中填写一些基本信息，代码如下所示。

```
\documentclass[25pt, a0paper, portrait]{tikzposter}
\title{TikzPoster Example}
```

```
\author{author}
\date{\today}
\institute{LaTeX Cookbook Institute}
\usetheme{Board}
\begin{document}
\maketitle
\end{document}
```

编译后的效果如图 10-6 所示。

图 10-6　编译后的效果

【**例 10-7**】在例 1 代码中加入主体代码，制作一个简单的简历，代码如下所示。

```
\documentclass[25pt, a0paper, portrait]{tikzposter}
\title{TikzPoster Example}
\author{author}
```

```
\date{\today}
\institute{LaTeX Cookbook Institute}
\usepackage{blindtext}
\usepackage{comment}
\usetheme{Board}
\begin{document}
\maketitle
\block{~}
{
    \blindtext
}
\begin{columns}
    \column{0.4}
    \block{More text}{Text and more text}
    \column{0.6}
    \block{Something else}{Here, \blindtext \vspace{4cm}}
    \note[
        targetoffsetx=-9cm,
        targetoffsety=-6.5cm,
        width=0.5\linewidth
        ]
        {e-mail \texttt{welcome@overleaf.com}}
\end{columns}

\begin{columns}
    \column{0.5}
    \block{A figure}
    {
        \begin{tikzfigure}
            \includegraphics[width=0.4\textwidth]{images/R-C.jpg}
        \end{tikzfigure}
    }
    \column{0.5}
    \block{Description of the figure}{\blindtext}
    \end{columns}
        \end{document}
```

编译后的效果如图 10-7 所示。

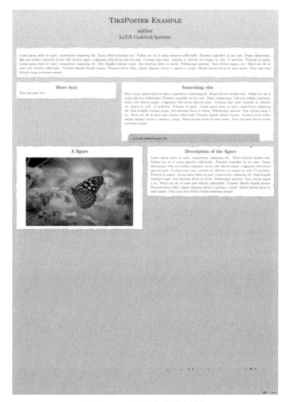

图 10-7　编译后的效果

10.3.2　beamerposter

beamerposter 是以 beamer 为基础的宏包，可用于生成和设计科学海报。beamerposter 同样包含前导代码和主题代码两个部分，前导代码主要用于海报基本信息的设定及宏包的调用，主题代码用来设计海报内容。

【例 10-8】调用 beamerposter 宏包，创建一个 beamer 类型的简单文档，并在前导代码中填写一些基本信息，代码如下所示。

```
\documentclass{beamer}
\usepackage{times}
\usepackage{amsmath,amsthm, amssymb}
\boldmath
\usetheme{RedLion}
\usepackage[orientation=portrait,size=a0,scale=1.4]{beamerposter}
```

```
\title[Beamer Poster]{Beamer Poster example}
\author[welcome@overleaf.com]{author}
\institute[Overleaf University]{LaTeX Cookbook Institute}
\date{\today}
\logo{\includegraphics[height=7.5cm]{overleaf-logo}}
\begin{document}
This is a Beamer poster example
\end{document}
```

编译后的效果如图 10-8 所示。

图 10-8　编译后的效果

10.4　简 历 制 作

简历是申请学位、找工作的必备工具，一份精美简练的简历是我们打动心怡导师或 HR 的重要手段。与 Word 的功能类似，LaTeX 也可用来制作简历。使用 LaTeX 制作简历主要分为自定义简历格式和参考模板两种方法。

10.4.1　自定义简历格式

在 LaTeX 文件中编写 documentclass{article} 时，包括了类文件 article.cls。该类文件定义了组织文档的所有命令，如片段和标题，它还配置这些命令如何影响页面的格式和布局。使用 LaTeX 制作简历时，我们需要自定义文档格式。其中最简便的方法是将所有信息保存在个人类文件中，这样可以使文档的结构与格式完全分离，从而便于使用。因此，我们需要先创建一个简历的类文件，如 CV.cls，然后在类文件内定义文档格式。

所有类文件都应该以下面两行代码开头，这两行代码应添加到 CV.cls 的顶部。

```
\NeedsTeXFormat{LaTeX2e}
\ProvidesClass{CV}[2021/08/29 My custom CV class]
```

\NeedsTeXFormat{LaTeX2e} 命令告诉编译器该包适用于 LaTeX2e 版本。在 \ProvidesClass{CV}[2021/08/29 My custom CV class] 命令中，第一个参数应该匹配类文件的文件名，并告诉 LaTeX 包的名称；第二个参数是可改变的，它提供了类的描述，这些描述将出现在日志和其他地方。

随后，我们创建一个编译文件 CV.tex，并将以下代码键入文件，填写简历中的个人信息。

```
\documentclass{CV}
\begin{document}
\section{Research Interests}
\subsection{Machine Learning}
\section{Education}
\subsection{University of Nowhere}
\end{document}
```

编译后的效果如图 10-9 所示。

1　Research Interests

1.1　Machine Learning

2　Education

2.1　University of Nowhere

图 10-9　编译后的效果

标准的文章标题并不适用于简历，所以我们希望用更整洁的格式取代它们。为此，我们可以在 CV.cls 文件中重新定义 section 命令，以输出自定义格式。在这里我们需要使用 titlesec 宏包，调用命令为 \RequirePackage{titlesec}。随后，我们便可以自定义标题格式。在 CV.cls 文件中键入的代码如下所示。

```
\RequirePackage{titlesec}
\titleformat{\section}
  {\bfseries\Large\scshape\raggedright}
  {}{0em}
  {}
  [\titlerule]
\titleformat{\subsection}
  {\large\scshape\raggedright}
  {}{0em}
  {}
```

键入以上代码后，再次编译 CV.tex 文件，编译后的效果如图 10-10 所示。

Research Interests

MACHINE LEARNING

Education

UNIVERSITY OF NOWHERE

图 10-10　编译后的效果

自定义标题格式可以使用以下命令。

- \bfseries, \itshape: 标题加粗或加斜体。
- \scshape：小型资本。
- \small, \normalsize, \large, \Large, \LARGE, \huge, \Huge: 设定字型大小。
- \rmfamily, \sffamily, \ttfamily: 将字体类型分别设置为有衬线字体、无衬线字体或打字机字体。

简历的部分章节需要添加日期，为此，我们需要在 CV.cls 文件中定义一个新命令 \datedsubsection。该命令可以让我们在子章节标题中添加日期，命令代码如下所示。

```
\newcommand{\datedsubsection}[2]{%
  \subsection[#1]{#1 \hfill #2}%
}
```

键入以上代码后，在 CV.tex 文件中更改部分代码，使用新定义命令，代码如下所示：

```
\documentclass{CV}
\begin{document}
\section{Research Interests}
\subsection{Machine Learning}
\section{Education}
\datedsubsection{University of Nowhere}{2012---2016}  % 使用新定义命令
\end{document}
```

编译后的效果如图 10-11 所示。

Research Interests

MACHINE LEARNING

Education

UNIVERSITY OF NOWHERE   2012—2016

图 10-11　编译后的效果

在简历中，名字通常在最上面，并且简历上半部分还包含相关的联系方式。为了达到这种显示效果，我们需要在 CV.cls 文件中定义一个新命令 \name 来添加名字，同时定义另一个新命令 \contact 来添加联系方式，代码如下所示。

```
\newcommand{\name}[1]{%
  \centerline{\Huge{#1}}
}
\newcommand\contact[5]{%
    \centerline{%
        \makebox[0pt][c]{%
            #1 {\large\textperiodcentered} #2 {\large\textperiodcentered} #3
            \ #4 \ \ #5%
        }%
    }%
}
```

键入以上代码后，在 CV.tex 文件中使用新定义命令 \name 和 \contact，代码如下所示。

```
\documentclass{CV}
\begin{document}
\name{John Kim}
\contact{123 Broadway}{London}{UK 12345}{john@kim.com}{(000)-111-1111}
\section{Research Interests}
\subsection{Machine Learning}
```

```
My research interest is machine learning.
\section{Education}
\datedsubsection{University of Nowhere}{2012---2016}
I attended the University of Nowhere from 2012 to 2016.
\end{document}
```

编译后的效果如图 10-12 所示。

John Kim

123 Broadway · London · UK 12345 john@kim.com (000)-111-1111

Research Interests

MACHINE LEARNING
My research interest is machine learning.

Education

UNIVERSITY OF NOWHERE   2012—2016
I attended the University of Nowhere from 2012 to 2016.

图 10-12　编译后的效果

10.4.2　参考模板制作简历

LaTeX 在线网站 Overleaf 中提供了海量的简历模板，包括精美的、简洁的、正式的等各种类型。我们只需在选定的模板中填写自己的信息即可完成简历制作。Overleaf 的简历模板中，前三个模板制作的简历如图 10-13 所示。

图 10-13　用模板制作的简历